高等职业教育教学改革系列精品教材

物联网智慧系统设计与调试

徐雪慧　主编

电子工业出版社·
Publishing House of Electronics Industry
北京·**BEIJING**

内 容 简 介

本书的结构设计充分体现模块化、项目化、任务化，依据解决问题和完成任务的逻辑，贯穿项目化教学和行动导向六步法教学。本书内容分为 5 个模块，分别为：物联网智慧系统设计基础模块、物联网智慧系统仿真设计模块、物联网智慧系统实践操作模块、物联网智慧系统虚实结合模块、物联网智慧系统创新设计模块。在每个模块中设计具体的物联网智慧系统设计与调试项目，每个项目又依据学习步骤分解成多个子任务。

本书可作为应用型本科和高职高专院校电子与计算机类专业物联网系统设计及应用相关课程的教材，也可作为物联网系统开发、使用和维护人员的培训参考书。

未经许可，不得以任何方式复制或抄袭本书之部分或全部内容。

版权所有，侵权必究。

图书在版编目（CIP）数据

物联网智慧系统设计与调试 / 徐雪慧主编. -- 北京：
电子工业出版社，2024. 9. -- ISBN 978-7-121-48987-7

Ⅰ．TP393.4；TP18

中国国家版本馆 CIP 数据核字第 2024QV0726 号

责任编辑：王艳萍
印　　刷：三河市龙林印务有限公司
装　　订：三河市龙林印务有限公司
出版发行：电子工业出版社
　　　　　北京市海淀区万寿路 173 信箱　　邮编　100036
开　　本：787×1 092　1/16　印张：17.25　字数：464 千字
版　　次：2024 年 9 月第 1 版
印　　次：2024 年 9 月第 1 次印刷
定　　价：55.00 元

凡所购买电子工业出版社图书有缺损问题，请向购买书店调换。若书店售缺，请与本社发行部联系，联系及邮购电话：（010）88254888，88258888。

质量投诉请发邮件至 zlts@phei.com.cn，盗版侵权举报请发邮件至 dbqq@phei.com.cn。

本书咨询联系方式：wangyp@phei.com.cn，（010）88254574。

前　言

党的二十大报告指出，"坚持把发展经济的着力点放在实体经济上，推进新型工业化，加快建设制造强国、质量强国、航天强国、交通强国、网络强国、数字中国。"新型工业化是新时期、新目标、新格局下我国实现中国式现代化的物质基础和产业支撑，以创新为主要动力，以高端化、智能化、绿色化转型为核心路径，推动我国经济高质量发展。

物联网被称为世界信息产业发展的第三次浪潮，代表了下一代信息产业发展的重要方向，被世界各国当作应对国际金融危机、振兴经济的重点技术领域。物联网是一个正在高速发展并面临爆发性成长的朝阳行业，其巨大的市场需求已催生出一个新兴的物联网产业链。随着物联网技术应用的不断深入和推广，市场上需要大量的具有相关技术的应用型人才，从事各类物联网技术应用及配套设备和应用系统的设计、开发、制造、发行、维护和服务工作。为适应高职高专院校专业发展需要，编者根据高职高专人才培养目标，结合技术发展和教学经验，吸取国内外相关教材和技术资料的优点，编写了本书。

本书是一本校企双元合作开发的工作手册式教材。书中内容设计充分融入"课岗赛证创"，聚焦"三教"改革精神，融入新技术、新工艺、新设备、新规范。教材的内容呈现形式互动性强，设计了大量图表和引导性问题，注重启发学生思考，鼓励学生积极对照反思，提高学生学习的主动性和创造性。

本书的结构设计充分体现模块化、项目化、任务化，依据解决问题和完成任务的逻辑，贯穿项目化教学和行动导向六步法教学。本书的内容分为 5 个模块，内容从易到难，层层递进，分别为：物联网智慧系统设计基础模块、物联网智慧系统仿真设计模块、物联网智慧系统实践操作模块、物联网智慧系统虚实结合模块、物联网智慧系统创新设计模块。在每个模块中设计具体的物联网智慧系统设计与调试项目，每个项目又依据学习步骤分解成多个子任务。

本书的学习路径充分遵循学生认知规律和项目设计逻辑，按项目实施步骤设计学习流程，每个项目都有明确的学习任务，重难点子任务以"资讯—计划—决策—实施—检查—评估"行动导向六步法设计学习逻辑，引导学生学习物联网智慧系统的设计和调试，同时在项目和任务完成过程中不断提升物联网专业素养和综合能力。

同时，本书中的学习评价标准充分融入"物联网安装调试与运维"1+X 职业技能等级证书标准、"物联网工程实施与运维"1+X 职业技能等级证书标准及全国职业院校技能大赛"物联网应用开发"赛项评分标准，设计明确的学习项目和学习任务的评价方式与标准，引导学生以行业标准对照和反思，提升学生的元认知能力和综合职业能力。

本书的参考学时为 40 学时。读者可根据具体情况适当增减学时，也可以根据学习需求选择仿真设计或通过实践操作实训课展开学习。

本书由武汉职业技术学院徐雪慧策划编写思路和主要内容，指导全书的编写，并对全书进行统稿。本书由徐雪慧主编，李群、杨杰、王积彭（北京新大陆时代科技有限公司）、彭新生（江苏集萃集成电路应用技术管理有限公司）参编。武汉职业技术学院电子信息工程学院电信 21301 班高雨婷等同学进行了资料收集和整理，在此表示感谢。

在本书的编写过程中，我们力图全面反映物联网智慧系统设计各方面的理论、技术和实践经验，但由于物联网相关技术发展和应用日新月异，又在一定程度上存在技术保密与知识产权保护等因素，一些技术未在教材中涉及，有待今后进一步完善。

本书配有免费的电子教学课件，请有需要的教师登录华信教育资源网（www.hxedu.com.cn）免费注册后进行下载，如有问题请在网站留言或与电子工业出版社联系（E-mail：wangyp@phei.com.cn）。

本书中软件界面和正文均与软件原图一致，不再另行修改大小写、正斜体等。

本书注重对学生综合应用能力的培养和训练，并注重理论联系实践，所有系统设计项目均可进行软件仿真和硬件实验，相关知识点尽可能地做到深入浅出，在内容的组织和编写方法上力求新颖，在语言上力求通俗易懂。但由于编者水平有限，书中难免存在不妥之处，恳请读者不吝赐教。

编　者

目　　录

模块三　物联网智慧系统实践操作模块

模块四 物联网智慧系统虚实结合模块

模块五 物联网智慧系统创新设计模块

模块一 物联网智慧系统设计基础模块

项目 1 智慧农业系统设计与调试

项目学习目标

在项目 1 中，将完成物联网智慧农业系统的设计与调试，要达成的学习目标如表 1-1 所示。

表 1-1 学习目标

目标类型	序号	学习目标
知识目标	K1	能简述物联网系统特征、系统架构
	K2	能列举智慧农业系统中的常用设备及其功能
	K3	能复述智慧农业系统各设备端口配置情况
	K4	能复述智慧农业系统各设备信号传输方式
能力目标	S1	能分析智慧农业系统的功能目标
	S2	能识别和区分各种传感器和执行器
	S3	能根据智慧农业系统设计需要选择传感器和执行器
	S4	能正确识读智慧农业系统设备连线图
	S5	能正确识读智慧农业系统仿真电路图
	S6	能正确识读智慧农业系统仿真结果数据
素质目标	Q1	能按 6S 规范进行实训台整理
	Q2	能按要求做好任务记录和填写任务单
	Q3	能按时按要求完成学习任务
	Q4	能与小组成员协作完成学习任务
	Q5	能结合评价表进行个人学习目标达成情况评价和反思
	Q6	能积极参与课堂教学活动
	Q7	能积极主动进行课前预习和课后拓展练习

1.1 项目任务

1.1.1 项目情境分析

智慧农业系统是充分应用现代信息技术，集成应用计算机与网络技术、物联网技术、音视频技术、3S 技术、无线通信技术等，实现农业系统智能监控、可视化远程诊断、远程控制、灾变预警等智能管理功能的综合系统。

本项目分析和展示通过仿真软件及云平台来监测和控制各采集设备与控制器件的智慧农业系统。

1.1.2 项目设计目标

通过对基于温室大棚的智慧农业系统的设计分析，明确物联网智慧系统设计的要求和方法。根据智慧农业系统的功能目标、设计方案、组成设备分析，认知物联网智慧系统的体系架构及常用设备。

1.1.3 项目设计任务单

请按项目实施步骤完成本项目的学习，按要求完整填写表 1-2 中各项内容。

物联网智慧系统设计
任务单——示范样例

表 1-2 智慧农业系统设计任务单

智慧农业系统设计任务单			
小组序号和名称		组内角色	
小组成员	硬件工程师（HE）		
	软件工程师（RE）		
	调试工程师（DE）		
任务准备			
1. PC		4. IoT 系统软件包	
2. IoT 实训台		5. IoT 系统工具包	
3. IoT 系统设备箱		6. 加入在线班级	
任务实施			
智慧农业系统功能目标			
智慧农业系统设计方案			
智慧农业系统设备组成			
智慧农业系统设备连线图			
总结反思（注意事项和建议）			
目标达成情况	知识目标	能力目标	素质目标
综合评价结果			

1.2 项目实施

1.2.1 智慧农业系统功能目标分析

在智慧农业系统中可实时采集温室大棚内的温湿度、光照强度、土壤温度、土壤湿度、CO_2 浓度等环境参数，通过云平台将传感器采集的数据以图表或曲线的方式显示给用户，并根据种植作物的需求提供各种报警信息且完成环境调节。智慧农业系统的功能目标如表 1-3 所示。

表 1-3 智慧农业系统的功能目标

序号		功能目标
1	整体目标	实现由传感器、执行器、采集器、网关、云平台、PC、移动工控终端组成的智慧农业系统（硬件+软件）
2		使用传感器采集参数，并传输到网关、云平台
3		在网关和云平台实现系统自动控制功能
4	环境监测及控制	实现智慧农业系统环境（如温湿度、光照强度等）监测和执行器的控制功能
5		在网关端进行环境数据监测，实现自动控制功能
6		在 PC 端、移动工控终端获取云平台数据，实现环境远程监控功能

请根据智慧农业系统功能目标，结合农业系统应用需求，在设备任务单（见表 1-4）中试列出系统需要的传感器和执行器清单。

表 1-4 智慧农业系统设备任务单

设备任务单			
序号	传感器	序号	执行器
1		1	
2		2	
3		3	
4		4	
5		5	
6		6	
7		7	
8		8	
9		9	
10		10	

1.2.2 智慧农业系统设计方案分析

（一）系统设备分类

智慧农业系统主要由温室大棚、各种无线传感器和控制器及系统软件等组成。设备分类如图 1-1 所示。

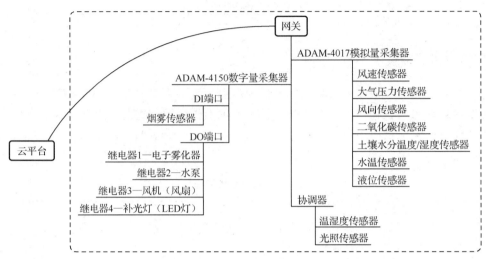

图 1-1　设备分类

（二）智慧农业系统设备连线图

智慧农业系统的传输设备端口分配如表 1-5 所示，系统设备连线图如图 1-2 所示。请认真识读系统设备连线图，填写智慧农业系统设备任务单。

表 1-5　传输设备端口分配

		端口 0	风向传感器
		端口 1	风速传感器
		端口 2	液位传感器
		端口 3	水温传感器
ADAM-4017 模拟量采集器	Vin	端口 4	大气压力传感器
		端口 5	土壤水分温度传感器
		端口 6	二氧化碳传感器
		端口 7	土壤水分湿度传感器
ADAM-4150 数字量采集器	DI	端口 0	烟雾传感器
		端口 0	风扇
ADAM-4150 数字量采集器	DO	端口 1	电子雾化器
		端口 2	水泵
		端口 3	补光灯
无线采集器（协调器）		ZigBee 模块 1	温湿度传感器
		ZigBee 模块 2	光照传感器

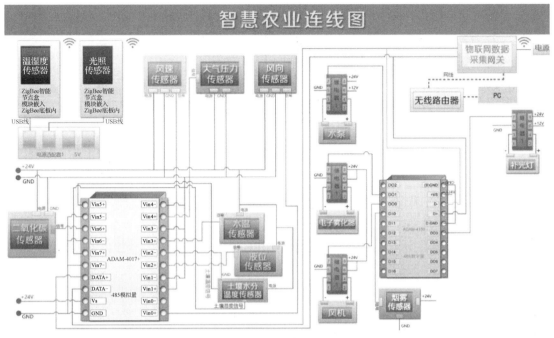

图 1-2　系统设备连线图

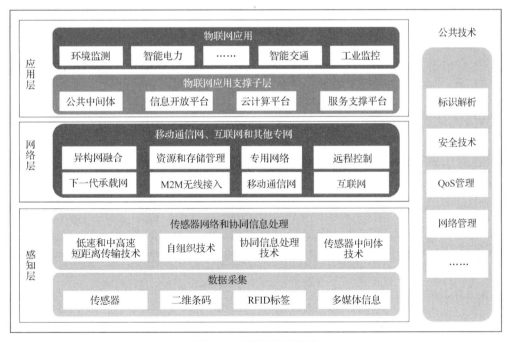

小提示：从技术架构上来看，物联网可分为三层，感知层、网络层和应用层。物联网体系架构如图 1-3 所示。

图 1-3　物联网体系架构

请根据智慧农业系统设备连线图及物联网体系架构，在表 1-6 中列出系统使用的设备。

表 1-6　智慧农业系统设备任务单

智慧农业系统设备任务单					
	序号	设备名称		序号	设备名称
感知层	1		网络层	1	
	2			2	
	3			3	
	4			4	
	5			5	
	6			6	
	7			7	
	8		应用层	1	
	9			2	
	10			3	
	11			4	
	12			5	
	13			6	

（三）智慧农业系统设计方案

依据智慧农业系统的设备分类及连线图可知系统设计方案，如表 1-7 所示。

表 1-7　智慧农业系统设计方案

序号		功能目标	设计方案
1	整体目标	实现由传感器、执行器、采集器、网关、云平台、PC、移动工控终端组成的智慧农业系统（硬件+软件）	将采集器和执行器与网关直接相连，运用无线路由器创建局域网，将网关、云平台、PC、移动工控终端组成局域网，实现数据互传
2		使用传感器采集参数，并传输到网关、云平台	运用有线传感器节点（ADAM-4017 模拟量采集器和 ADAM-4150 数字量采集器）和无线 ZigBee 节点（协调器）采集数据并上传至网关，通过局域网将数据上传到云平台
3		在网关和云平台实现系统自动控制功能	通过局域网实现网关与云平台间的数据互传，运用网关进行有线和无线 ZigBee 继电器控制，从而控制执行器
4	环境监测及控制	实现智慧农业系统环境（如温湿度、光照强度等）监测和执行器的控制功能	运用有线传感器（风向传感器、风速传感器、液位传感器、水温传感器、大气压力传感器、二氧化碳传感器、土壤水分温度/湿度传感器、烟雾传感器）和无线传感器（温湿度传感器、光照传感器），以及有线执行器（风扇、电子雾化器、水泵、补光灯）进行智慧农业系统环境监测和控制
5		在网关端进行环境数据监测，实现自动控制功能	所有传感器、执行器通过有线和无线方式连接到网关，实现数据的互传
6		在 PC 端、移动工控终端获取云平台数据，实现环境远程监控功能	网关数据通过局域网上传至云平台，在 PC 端、移动工控终端通过局域网获取云平台数据，从而实现系统的远程监控

1.2.3　智慧农业系统组成设备分析

在智慧农业系统中，使用到的设备主要有传感器、执行器、数据传输设备。智慧农业系统设备清单如表 1-8 所示。

表 1-8　智慧农业系统设备清单

智慧农业系统设备清单			
设 备 类 型	序号	设 备 名 称	设 备 功 能
感知层—传感器	1	风速传感器	测量风速值
	2	大气压力传感器	测量大气压力值
	3	风向传感器	测量环境中的近地风向
	4	二氧化碳传感器	测量二氧化碳浓度
	5	土壤水分温度/湿度传感器	测量土壤温度和湿度的值
	6	水温传感器	测量水温
	7	液位传感器	监测、维护和测量液位
	8	温湿度传感器	测量温度和湿度值
	9	光照传感器	检测光照强度值
	10	烟雾传感器	检测室内或外部的烟雾水平
应用层—执行器	1	继电器 1—电子雾化器	可通过微米级的细雾增加湿度，专门应用于育苗、食用菌及温室种植，可促进扦插苗快速地生根，提高种子的发芽率及组培的成活率
	2	继电器 2—水泵	能把液体从低处或近处抽送到高处或远处，进行水的传输
	3	继电器 3—风机（风扇）	风机广泛用于工厂、矿井、隧道、冷却塔、车辆、船舶和建筑物的通风、排尘和冷却；锅炉和工业炉窑的通风和引风；空气调节设备和家用电器的冷却和通风；谷物的烘干和选送；风洞风源和气垫船的充气和推进等
	4	继电器 4—补光灯（LED 灯）	植物补光灯是利用半导体照明原理，专用于花卉和蔬菜等的一款植物生长辅助灯。一般室内植物，随着时间延长而长势越来越差，主要原因就是缺少光的照射。通过使用适合植物所需光谱的 LED 灯照射，不仅可以促进其生长，而且可以延长花期，提高花的品质
网络层—数据传输设备	1	网关	网关是一种起转换作用的计算机系统或设备，在使用不同的通信协议、数据格式或语言，甚至体系结构完全不同的两种系统时，网关是一个"翻译器"。与网桥只是简单地传送信息不同，网关对收到的信息要重新打包，以适应目的系统的需求。同时，网关也可以提供过滤和安全功能
	2	ADAM-4150 数字量采集器	可以独立提供智能信号调理、模拟量 I/O、数字量 I/O 和 LED 数据显示，此外地址模式采用了人性化设计，可以方便地读取模块地址
	3	ADAM-4017 模拟量采集器	提供信号隔离、A/D 转换和 RS-485 串行通信功能
	4	协调器	协调器的主要功能是协调建立网络，其他功能包括：传输网络信标、管理网络节点及存储网络节点信息，并且提供关联节点之间的路由信息；此外，协调器会存储一些基本信息，如节点数据设备、数据转发表及设备关联表等

1.2.4　系统功能实现情况分析

在物联网智慧系统设计中，为保证系统设计的正确性和可靠性，在进行实物组装调试、验证系统功能的实现情况前，可以运用仿真平台进行系统功能模拟仿真，从而减少设计方案调整带来的时间和设备开销。在智慧农业系统设计中，可运用仿真平台进行系统功能实现情况的监测和分析。

（一）仿真平台功能实现情况分析

智慧农业系统的仿真设备电路组成如图 1-4 所示。

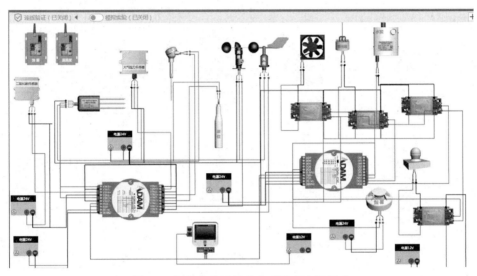

图 1-4　智慧农业系统的仿真设备电路组成

通过"连线验证"和"模拟实验"，可对连线进行通过验证，每个传感器显示当前的模拟值，如图 1-5 所示。

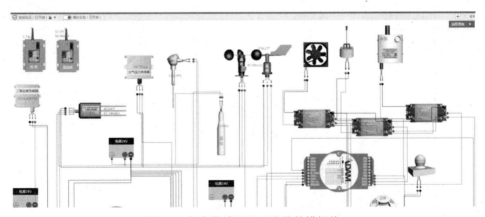

图 1-5　每个传感器显示当前的模拟值

可以通过系统中的网关监测各设备的数据采集情况。网关监控界面中包含"有线"与"无线"两个界面，温湿度传感器和光照传感器在网关的"无线"界面中。智慧农业系统中网关监控界面如图 1-6 所示。

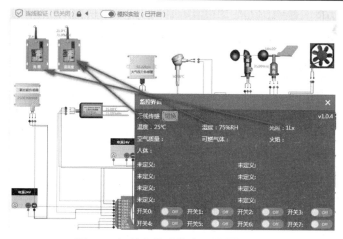

图 1-6　智慧农业系统中网关监控界面

"有线"界面主要显示 ADAM-4017 和 ADAM-4150 连接的传感器采集的数据。智慧农业系统采集的数据如图 1-7 所示。

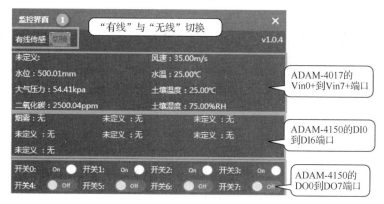

图 1-7　智慧农业系统采集的数据

图 1-8 是模拟实验中的实时采集数据界面。

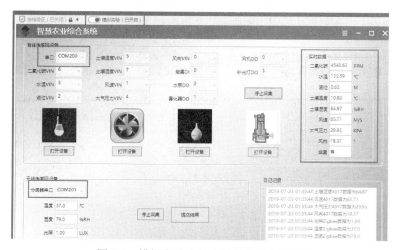

图 1-8　模拟实验中的实时采集数据界面

请结合以上仿真分析，将系统采集到的相关数据填入表 1-9 中。

表 1-9　智慧农业系统仿真数据记录表

智慧农业系统仿真数据记录表					
序号	设备名称	仿真结果	序号	设备名称	仿真结果
1	风速传感器		7	水温传感器	
2	大气压力传感器		8	液位传感器	
3	风向传感器		9	温度传感器	
4	二氧化碳传感器		10	湿度传感器	
5	土壤水分温度传感器		11	光照传感器	
6	土壤水分湿度传感器		12	烟雾传感器	

（二）云平台数据采集和控制分析

智慧农业系统的仿真平台可以通过虚拟网关连接至专用云平台，可以在云平台上获取仿真数据，也可以在云平台上管理和监控仿真执行器。

图 1-9 是智慧农业系统在云平台上全部传感器和执行器显示界面，主要由 ZigBee 部分、Modbus 模拟量部分、Modbus 数字量部分构成。

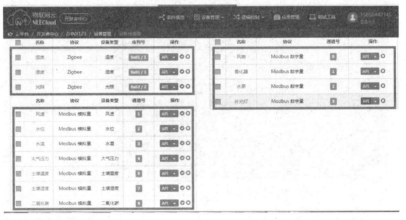

图 1-9　智慧农业系统在云平台上全部传感器和执行器显示界面

可以在云平台上查看感知层设备的实时采集数据和历史采集数据，历史采集数据如图 1-10 所示。

图 1-10　查看历史采集数据

请结合以上仿真分析,将云平台上可监测数据的设备填入表 1-10 中。

表 1-10 云平台上可监测数据的设备记录表

云平台上可监测数据的设备记录表					
序号	设备名称	通信协议	序号	设备名称	通信协议
1			9		
2			10		
3			11		
4			12		
5			13		
6			14		
7			15		
8			16		

1.3 项目检查评估

1.3.1 项目设计任务单填写

智慧农业系统的功能目标、组成设备、设备连线图、系统功能实现情况,以及运用仿真平台及云平台进行分析,至此全部完成。请结合你和小组成员的学习情况,填写 1.1.3 节中及 1.2 节中所有任务单,并准备进行项目检查评价。

1.3.2 项目检查评价

请结合学习任务完成情况及学习评价标准参考表(见表 1-11)进行自评、互评、师评和综合评价,评价情况填入表 1-12 中,并将综合评价结果填到表 1-2 中。其中,各评价的权重分别是:自评占 20%、互评占 20%、师评占 60%,即综合评价=自评×20%+互评×20%+师评×60%。

表 1-11 学习评价标准参考表

学习评价标准参考表								
目标类型	序号	评价指标	评价标准	分数	评价标准	分数	评价标准	分数
知识目标	K1	能简述物联网系统特征、系统架构	正确完整	7	部分正确	3	不能	0
	K2	能列举智慧农业系统中的常用设备及其功能	正确完整	7	部分正确	3	不能	0
	K3	能复述智慧农业系统各设备端口配置情况	正确完整	7	部分正确	3	不能	0
	K4	能复述智慧农业系统各设备信号传输方式	正确完整	7	部分正确	3	不能	0
能力目标	S1	能分析智慧农业系统的功能目标	正确完整	7	部分正确	3	不能	0
	S2	能识别和区分各种传感器和执行器	正确完整	7	部分正确	3	不能	0

目标类型	序号	评价指标	评价标准	分数	评价标准	分数	评价标准	分数
		学习评价标准参考表						
能力目标	S3	能根据智慧农业系统设计需要选择传感器和执行器	正确完整	7	部分正确	3	不能	0
	S4	能正确识读智慧农业系统设备连线图	正确完整	7	部分正确	3	不能	0
	S5	能正确识读智慧农业系统仿真电路图	正确完整	7	部分正确	3	不能	0
	S6	能正确识读智慧农业系统仿真结果数据	正确完整	7	部分正确	3	不能	0
素质目标	Q1	能按 6S 规范进行实训台整理	规范	5	不规范	2	未做	0
	Q2	能按要求做好任务记录和填写任务单	完整	5	不完整	2	未做	0
	Q3	能按时按要求完成学习任务	按时完成	4	补做	2	未做	0
	Q4	能与小组成员协作完成学习任务	充分参与	4	不参与	0		
	Q5	能结合评价表进行个人学习目标达成情况评价和反思	充分参与	4	不参与	0		
	Q6	能积极参与课堂教学活动	充分参与	4	不参与	0		
	Q7	能积极主动进行课前预习和课后拓展练习	充分参与	4	不参与	0		

表 1-12　学习评价表

目标类型	序号	具体目标	分数	自评	互评	师评	综合评价
		学习评价表					
知识目标	K1	能简述物联网系统特征、系统架构	7				
	K2	能列举智慧农业系统中的常用设备及其功能	7				
	K3	能复述智慧农业系统各设备端口配置情况	7				
	K4	能复述智慧农业系统各设备信号传输方式	7				
能力目标	S1	能分析智慧农业系统的功能目标	7				
	S2	能识别和区分各种传感器和执行器	7				
	S3	能根据智慧农业系统设计需要选择传感器和执行器	7				
	S4	能正确识读智慧农业系统设备连线图	7				
	S5	能正确识读智慧农业系统仿真电路图	7				
	S6	能正确识读智慧农业系统仿真结果数据	7				
素质目标	Q1	能按 6S 规范进行实训台整理	5				
	Q2	能按要求做好任务记录和填写任务单	5				
	Q3	能按时按要求完成学习任务	4				
	Q4	能与小组成员协作完成学习任务	4				
	Q5	能结合评价表进行个人学习目标达成情况评价和反思	4				
	Q6	能积极参与课堂教学活动	4				

学习评价表							
目标类型	序号	具体目标	分数	自评	互评	师评	综合评价
素质目标	Q7	能积极主动进行课前预习和课后拓展练习	4				
项目总评							
评价人							

1.4　项目总结反思

请结合项目的学习情况，进行学习反思和总结，写出在知识、能力、素质三个方面的学习事实、学习收获、存在问题及未来计划努力方向，填在表 1-13 中。

表 1-13　4F 反思总结表

4F 反思总结表			
	知识	能力	素质
Facts 事实（学习）			
Feelings 感受（收获）			
Finds 发现（问题）			
Future 未来（计划）			

1.5　项目设计资料拓展练习

本节展示的是智慧安防监控系统，在此系统中通过各种传感器，如红外对射传感器、人体红外传感器，将门禁、报警灯、摄像头等设备进行连接，根据不同的客户需求，可自定义选择传感器与设备进行联动，以及自定义进行设防与撤防。请自行学习智慧安防监控系统相关资料，并列出系统使用到的设备，填写到表 1-14 中。

表 1-14　智慧安防监控系统设备任务单

智慧安防监控系统设备任务单			
序号	设备名称	序号	设备名称
1		8	
2		9	
3		10	
4		11	
5		12	
6		13	
7		14	

1.5.1 智慧安防监控系统主要设备

在智慧安防监控系统中，可开启红外对射传感器和摄像头代替人工进行长时间监控。如检测到有人侵入，报警灯会自动开启，摄像头自动记录现场图像，且通过 LED 屏发送通知。红外对射传感器属于数字量设备，可以连接 ADAM-4150 的 DI 端口，报警灯连接 ADAM-4150 的 DO 端口。摄像头可通过网络传输视频信号。设备分类如图 1-11 所示。

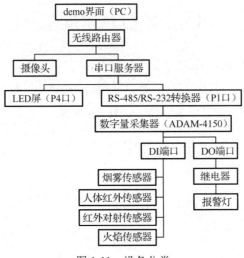

图 1-11　设备分类

1.5.2 智慧安防监控系统设备流程图

智慧安防监控系统设备流程图如图 1-12 所示。

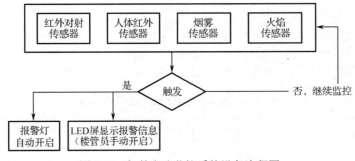

图 1-12　智慧安防监控系统设备流程图

1.5.3 智慧安防监控系统设备连线图

智慧安防监控系统设备连线图如图 1-13 所示。

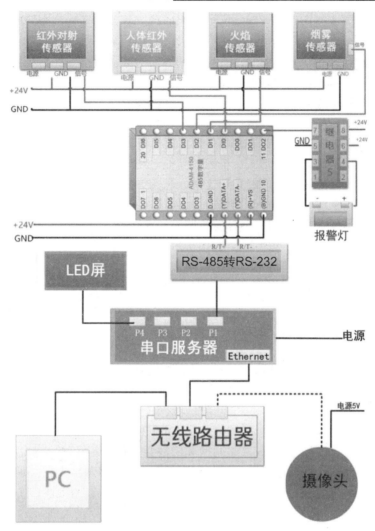

图 1-13　智慧安防监控系统设备连线图

1.6　项目知识链接

1.6.1　物联网体系架构

从功能上来说，物联网应该具备三个特征：一是全面感知能力，可以利用 RFID、传感器、二维条码等获取被控/被测物体的信息；二是数据信息的可靠传递，可以通过各种电信网络与互联网的融合，将物体的信息实时准确地传递出去；三是可以智能处理及应用，利用现代控制技术提供的智能计算方法，对大量数据和信息进行分析和处理，对物体实施智能化的控制，根据各个行业、各种业务的具体特点形成各种单独的业务应用，或者整个行业及系统的集成应用解决方案。

从技术架构上来看，物联网可分为三层：感知层、网络层和应用层。

感知层由各种传感器及传感器网关构成，包括二氧化碳传感器、温度传感器、湿度传感器、二维条码、RFID 标签和读写器、摄像头、GPS 等感知终端。感知层相当于人的眼、耳、鼻、喉和皮肤等，其主要功能是识别物体、采集信息。感知层是物联网发展和应用的基础，主要利用了 RFID 技术、传感和控制技术、短距离无线通信技术。

网络层由各种私有网络、互联网、有线和无线通信网、网络管理系统等组成，相当于人的神经中枢和大脑，负责传递和处理感知层获取的信息。网络是物联网最重要的基础设施之一。网络层在物联网中连接感知层和应用层，具有强大的纽带作用。在物联网中，要求网络层能够把感知层感知到的数据无障碍、高可靠性、高安全性地进行传送，它解决的是感知层所获得的数据在一定范围内，尤其是远距离的传输问题。

应用层是物联网和用户（包括人、组织和其他系统）的接口，它与行业需求结合，实现物联网的智能应用。由感知层生成的大量信息经过网络层传输、汇聚到应用层，应用层将解决数据如何存储（数据库与海量存储技术）、如何检索（搜索引擎）、如何使用（数据挖掘与机器学习）、如何不被滥用（数据安全与隐私保护）等问题。

1.6.2　物联网智慧应用系统中常见采集器

（一）网关

网关又称网间连接器、协议转换器。从一个网络向另一个网络发送信息，必须经过一道"关口"，这道关口就是网关。网关就是将一个网络连接到另一个网络的"关口"，也就是网络关卡。网关既可以用于广域网互联，也可以用于局域网互联。网关实质上是一个网络通向其他网络的 IP 地址。

图 1-14　常见物联网网关

物联网网关（见图 1-14）可以实现感知网络与通信网络，以及不同类型感知网络之间的协议转换。此外物联网网关还需要具备设备管理功能，用户通过物联网网关可以管理底层的各感知节点，了解各节点的实时信息，并实现远程控制。

物联网网关常具备以下功能。

1. 广泛的接入能力

用于近程通信的技术标准很多，仅常见的无线传感器网络技术就包括 LonWorks、ZigBee、6LoWPAN、RuBee、WiFi 等。不同系统的网关和技术主要针对某一应用展开，没有兼容性和体系规划。目前，国内外已经在开展针对物联网网关的标准化工作，如 3GPP、传感器工作组，以实现各种通信技术标准的互联互通。

2. 强大的管理能力

强大的管理能力对于任何大型网络都是必不可少的。首先要对网关进行管理，如注册管理、权限管理、状态监管等。网关实现子网内的节点的管理，如获取节点的标识、状态、属性、能量等，以及实现远程唤醒、控制、诊断、升级和维护等。由于子网的技术标准不同，协议的复杂性不同，所以网关具有的管理能力不同。采用模块化物联网网关来管理不同的感知网络、不同的应用，能够使用统一的接口技术对末梢网络节点进行统一管理。

3. 协议转换能力

从不同的感知网络到接入网络的协议转换、将下层标准格式的数据统一封装、保证不同感知网络的协议能够变成统一的数据和信令；将上层下发的数据包解析成感知层协议可以识别的信令和控制指令。

（二）模拟量采集器

在物联网智慧应用系统中，模拟量采集器是常见的有线连接设备。模拟量采集器有很多种型号，典型的模拟量采集器如图 1-15 所示。

（三）数字量采集器

数字量采集器是用于采集数字量信号的设备。它可以通过不同的接口和协议与传感器、开关、按钮等数字量设备连接，将这些设备的状态转化为数字量信号。数字量采集器能够将采集到的数字量信号传输给上层的控制器或计算机，用于监测、控制和分析等。比如，在物联网领域，数字量采集器可以用来采集传感器数据、执行器工作状态等信息。在物联网智慧应用系统中，数字量采集器也是常见的有线连接设备。数字量采集器有很多种型号，典型的数字量采集器如图 1-16 所示。

图 1-15 典型的模拟量采集器　　　　　图 1-16 典型的数字量采集器

1.6.3 物联网智慧应用系统中常见传感器

（一）风速传感器

1. **什么是风速传感器**

风速传感器（见图 1-17）是用来测量风速的仪器，可以不间断地测量风速和风量，是进行气象监测的重要设备。可通过机械式风速传感器或者超声波式风速传感器，实现收集风速信息的目的。风速传感器的外形小巧，便于携带，测量方式简单，可以随时随地实现拆卸和组装。

2. **风速传感器的工作原理**

风速传感器可以连续测量风速和风量（风量=风速×横截面积）。风速传感器大体上分为机械式（主要有螺旋桨式、风杯式）风速传感器、热敏式风速传感器、皮托管风速传感器和基于声学原理的超声波式风速传感器。

3. **风速传感器的作用**

风速传感器可以帮助我们了解大气中的风速和风向，因此在天气预报、气象研究和航空领域有着重要的作用。同时，在工业生产中其还可以用于监控风机的运行状态，优化风冷系统的设计。

（二）风向传感器

1. **什么是风向传感器**

风向传感器（见图 1-18）是一种利用风向箭头的转动来探测、感受外界的风向信息，并将其传递给同轴码盘，同时输出对应风向数值的物理装置。风向传感器可测量室外环境中的近地风向，按工作原理可分为光电式、电压式和电子罗盘式等，被广泛应用于气象、海洋、环境、农业、林业、水利、电力等领域，通常与风速传感器一起使用。

图 1-17　风速传感器　　　　　　　　　　　　图 1-18　风向传感器

2．风向传感器的工作原理

光电式风向传感器的核心部分采用绝对式格雷码盘编码，利用光电信号转换原理，可以准确地输出对应的风向信息；电压式风向传感器的核心部分采用精密导电塑料传感器，通过电压信号输出对应的风向信息；电子罗盘式风向传感器的核心部分采用电子罗盘定位绝对方向，通过 RS-485 接口输出风向信息。

3．风向传感器的作用

其可以用于测量风速和风向，以及风向变化的趋势，从而可以更好地了解天气变化的趋势、预测天气的变化、研究气象学和气候学、检测大气中的污染物及污染物的变化趋势。因此，风向传感器在气象监测和气候研究方面具有重要的意义。

（三）大气压力传感器

1．什么是大气压力传感器

大气压力传感器（见图 1-19）是一种用于测量大气压力的传感器，通过将大气压力转换成电信号来进行测量，通常包括一个灵敏元件（如微电子机械系统），以及一个读数装置（如电路板）。

图 1-19　大气压力传感器

2．大气压力传感器的工作原理

大气压力传感器通常运用变容、谐振、毫米波雷达等技术实现对大气压力的测量。以变容式大气压力传感器为例，当将大气压力施加到传感器上时，传感器内的柔性薄膜会发生微小变形，导致传感器内部电容值发生变化，最终将此变化转换成电信号输出。

3．大气压力传感器的作用

大气压力传感器在许多领域都有广泛的应用。在气象观测中，大气压力传感器可以用于测量气压变化及对天气变化进行分析；在空气质量监测中，通过大气压力传感器可以实现对空气质量的判断、预警等；在航空航天领域，大气压力传感器可以用于飞机高度计等设备中，确保飞机与地面之间保持安全的间隔距离；在农业领域，大气压力传感器可以用于监测大棚内作物的生长环境，人们可根据气压值开窗通风。

（四）二氧化碳传感器

1. 什么是二氧化碳传感器

二氧化碳传感器（见图 1-20，又写作 CO_2 传感器）是用于检测二氧化碳浓度的传感器。二氧化碳是绿色植物进行光合作用的原料之一，二氧化碳的浓度也就成为影响作物产量的重要因素。

图 1-20 二氧化碳传感器

2. 二氧化碳传感器的工作原理

任何物质都有其特征明线光谱，相应也会有吸收光谱，二氧化碳气体分子也是这样。根据气体选择性吸收理论可知，当光源的发射波长与气体的吸收波长相吻合时，就会发生共振吸收，吸收强度与该气体的浓度有关，通过测量光的吸收强度就可测量气体的浓度。

3. 二氧化碳传感器的作用

二氧化碳传感器主要应用于民用及工业现场的天然气、液化气、煤气、烷类等可燃性气体及汽油、醇、酮、苯等有机溶剂蒸汽的浓度检测。

（五）土壤水分传感器

1. 什么是土壤水分传感器

土壤水分传感器（见图 1-21）是一种高精度、高灵敏度的测量土壤中水分含量的传感器。通过测量土壤的介电常数，可测量土壤中水分的体积百分比，能直接反映土壤中真实水分含量。

图 1-21 土壤水分传感器

2. 土壤水分传感器的原理

如土壤水分传感器、土壤温湿度传感器、土壤温湿 PH 传感器，均可利用电磁脉冲原理测量土壤的表观介电常数，从而得到土壤中真实水分含量。

3. 土壤水分传感器的作用

利用该传感器了解土壤中水分含量可以为农业研究和生产提供准确、及时的土壤环境数据。当检测值小于植物需求值时，需打开喷灌设备（开启雾化器），对大棚内的植物进行浇灌。

（六）水位水温传感器

1. 什么是水位水温传感器

水位水温传感器（见图1-22）是计算机控制系统的一个部件，其主要功能是在液位或者温度发生变化时发出信号。这些信号通常会被发送给计算机，以便在需要的时候进行监控和调节。传统的水位水温检测需要人工操作，缺乏及时性和准确性。使用水位水温传感器则可以实现自动监测和报警，极大地方便了相关管理工作。

图1-22　水位水温传感器

2. 水位水温传感器的工作原理

水位水温传感器的工作原理主要包括浮力原理、压阻原理和热敏电阻原理三类。其中，浮力原理指通过杆上安装的浮球来自动感知液位的变化；压阻原理指将接地电路中的电极浸入液体中而形成一定的电阻，电阻值随着水位的变化而发生改变，从而进行测量；热敏电阻原理则利用温度计感知液体温度的变化，将变化的电信号传递给计算机。

3. 水位水温传感器的作用

水位水温传感器在各种水流系统的管理和控制方面具有广泛的应用。通过实时监控和调节水位、水温，可以进行跟踪、记录及分析。此外，水位水温传感器还可以预警洪水、干旱等可能带来的风险，提高应对自然灾害的能力，有效避免大面积损失。

（七）液位传感器

1. 什么是液位传感器

液位传感器（见图1-23）是一种用于测量液体水平位置或容器中液体体积的传感器。它可以通过不同的技术实现，可采用电容、超声波、压力、磁性等方式来检测液体的高度或水平位置。液位传感器的主要作用是确保生产过程稳定，以及在储存和运输液体时不会发生泄漏或其他安全问题。

图1-23　液位传感器

2. 液位传感器的工作原理

液位传感器的工作原理基于其所采用的检测技术。例如，对于电容液位传感器，当将两个电极放置在不同高度时，当前液面导电性将触发由电路发出的信号，以确定液面的高度。超声波液位传感器则利用声波在液体中的传播速度来测量液面高度。

3. 液位传感器的作用

液位传感器在自动控制、工业监控及消费性电子设备中发挥着重要作用，通过实时监测液面高度，可以提高生产过程的可靠性和安全性。此外，液位传感器还可以确保精准的液体配送和运输，有助于预防环境污染。

（八）烟雾传感器

1. 什么是烟雾传感器

烟雾传感器（见图 1-24）是一种能够检测室内或外部烟雾水平的装置。根据原理不同，其可分为离子式烟雾传感器、光电式烟雾传感器和气敏式烟雾传感器。其工作原理为响应物质与烟雾颗粒接触后发生变化，将这一变化转化为电信号进行判断。

2. 烟雾传感器的工作原理

按照工作原理，烟雾传感器可以分为以下三类。（1）离子式烟雾传感器：利用离子流产生器和离子收集器之间的空气中空穴的电离效应来探测烟雾颗粒。（2）光电式烟雾传感器：通过控制 LED 灯和光敏二极管发射和接收光束，检测空气中烟雾颗粒产生的可散射光的亮度变化。（3）气敏式烟雾传感器：使用氧化物敏感元件将烟雾颗粒压缩并释放出勘察气体进行电化学反应，从而探测烟雾颗粒。

3. 烟雾传感器的作用

烟雾传感器作为一种重要的安全设备，被广泛应用于公共建筑、住宅、医院、商场及工业生产场所等，起到了重要的预警作用。当检测到室内烟雾浓度超过一定阈值时，烟雾传感器发出报警信号，通知人们尽快采取措施。

图 1-24　烟雾传感器

（九）光照传感器

1. 什么是光照传感器

光照传感器（见图 1-25）是一种用于检测光照强度（简称照度）的传感器，其广泛应用于农业、林业、养殖业、建筑业等。

2. 光照传感器的工作原理

光照传感器基于热电效应，主要利用对弱光性有较大反应的感应元件，这些感应元件其实就像相机的感光矩阵一样，内部有绕线电镀式多接点热电堆，其表面涂有高吸收率的黑色涂层。热接点在感应面上，而冷接点位于机体内，冷热接点间产生温差电势，在线性范围内，输出信号与太阳辐射强度成正比。透过滤光片的可见光照射到光敏二极管上，光敏二极管将可见光照度转换成电信号，然后电信号会进入传感器的处理系统，从而输出需要的二进制信号。

3. 光照传感器的作用

光照传感器可测量周围光线的强度和变化，将其转换为电信号输出，以反映周围的光照情况。其可以在各种应用场景中实现自动控制、照明调节、环境监测等功能。温室大棚内的光照传感器可检测环境的光照强度值，当获取的数值低于适宜植物生长的值时，需打开补光灯。

图 1-25　光照传感器

（十）温湿度传感器

1. 什么是温湿度传感器

温湿度传感器（见图 1-26）是一种用于测量环境中温度和湿度的设备，通常由温度传感器和湿度传感器组成。其可以将环境中的温度和湿度变化转化为电信号输出，并通过这些信号来监测环境的变化。

2. 温湿度传感器的工作原理

温湿度传感器的工作主要基于温度传感器和湿度传感器。其中，温度传感器根据物质热膨胀原理，利用金属、半导体或热敏材料的温度特性进行测量；湿度传感器则利用潮湿空气对传感器表面的电导率或介电常数的变化进行测量。

3. 温湿度传感器的作用

温湿度传感器可以广泛应用于气象、农业、工业、医疗、环保等领域，用于监测室内外空气温湿度的变化。在温度和湿度控制方面，温湿度传感器如在大型仓库、恒温房、博物馆、实验室等场所使用，可改善环境稳定性，保护设备和资料的安全。此外，温湿度传感器还可以在家庭中应用，确保人们生活的舒适度。

图 1-26　温湿度传感器

1.6.4　物联网智慧应用系统中常见执行器

（一）水泵

1. 什么是水泵

水泵（见图 1-27）是用于输送液体或使液体增压的机械。它将原动机的机械能或其他外部能量传送给液体，使液体能量增加，主要用来输送水、油、酸碱液、乳化液、悬乳液和液态金属等，也可用于输送液体、气体混合物及含悬浮固体物的液体。水泵的技术参数有流量、吸程、扬程、轴功率、效率等，根据工作原理不同可分为容积泵、叶片泵等。容积泵是利用工作室容积的变化来传递能量的；叶片泵是利用回转叶片与水的相互作用来传递能量的，其又可细分为离心泵、轴流泵和混流泵等。

2．水泵的工作原理

在打开水泵后（打开水泵前要使泵体内充满液体），叶轮在泵体内高速旋转，泵体内的液体随着叶轮一块转动，在离心力的作用下液体在出口处被叶轮甩出，叶轮中心处形成真空低压区，液池中的液体在外界大气压的作用下经吸入管流入水泵内。泵体扩散室的容积是一定的，随着被甩出液体的增加，其内部压力也逐渐增加，最后液体都从水泵的出口处被排出。液体就这样连续不断地从液池中被吸上来，然后又连续不断地从水泵出口处被排出去。

3．水泵的作用

家庭供水：用于输送自来水，提供生活用水。工业生产：用于输送各种液体原料和产品，可应用于石油、化工等领域。农业灌溉：用于抽取地下水、输送水源，满足农田灌溉需求。灭火系统：用于输送消防用水，保障安全。空调系统：用于输送制冷剂或冷却水，实现空调设备的正常运行。

（二）补光灯

1．什么是补光灯

补光灯（见图 1-28）是一种固体发光器件，靠小电流驱动半导体器件发光，耗电少，稳定性好，但是亮度相对较弱，可靠近植物而不使之干枯。基于此特性，补光灯可以水平放置于植物上方，在很大程度上减少照度流失并且提供光效。

2．补光灯的工作原理

补光灯就是将特定的光投射给被照对象，直接或间接地达到补足光线目的的一种照明器材。当将其用于促进植物光合作用时，可直接得到光线补足；用于提高环境照度时，可间接得到光线补足。补光灯的光源通常有 LED 灯、金卤灯、荧光灯、白炽灯、碘钨灯、氙气灯等。

3．补光灯的作用

补光灯是利用半导体照明原理，专用于花卉和蔬菜等的一种植物生长辅助灯。一般室内植物，会随着时间延长而长势越来越差，主要原因就是缺少光的照射。通过使用适合植物所需光谱的 LED 灯进行照射，不仅可以促进其生长，还可以延长花期，提高花的品质。

图 1-27　水泵　　　　　　　　　　　　　　　图 1-28　补光灯

（三）风机

1．什么是风机

风机（又称风扇，见图 1-29）是一种用于压缩和输送气体的机械，从能量观点来看，它是把原动机的机械能量转变为气体能量的一种机械。

2．风机的工作原理

当电动机转动时，风机的叶轮随之转动。叶轮在旋转时产生的离心力将空气从叶轮中甩出，空气被从叶轮中甩出后汇集在机壳中，由于其流动速度慢，压力高，空气便从通风机出口处被排出流入管道。当叶轮中的空气被排出后，就形成了负压，吸气口外面的空气在大气压作用下又被压入叶轮中。因此，叶轮不断旋转，空气也就在通风机的作用下在管道中不断流动。

3．风机的作用

风机广泛应用于工厂、矿井、隧道、冷却塔、车辆、船舶和建筑物的通风、排尘和冷却；锅炉和工业炉窑的通风和引风；空气调节设备和家用电器的冷却和通风；谷物的烘干和选送；风洞风源和气垫船的充气和推进等。

（四）雾化器

1．什么是雾化器

雾化器（见图1-30）是用于将液体转化成雾状的设备。其中电动机提供动力，智能控制单元负责控制整个设备的运行，电源提供能量，专用容器则用来存储液体。

图1-29　风机　　　　　　　　　　　　　　　　　　　图1-30　雾化器

2．雾化器的工作原理

雾化器利用高压气流将液体击碎成微小液滴，从而形成雾状。这些液滴在空气中飘浮，可以被植物的叶子充分吸收，从而提高植物的生长效率。

3．雾化器的作用

（1）加湿和降温：雾化器能够将水以微小的水滴形式喷洒到大棚内部，可以有效增加空气的湿度，并通过蒸发过程降低环境温度。特别是在干燥炎热的气候条件下，这种设备可以帮助创造适宜的生长环境，提供植物所需的湿度和温度。

（2）植物灌溉和营养输送：通过调节雾化器的水流量和喷洒模式，可以将水和营养溶液喷洒到植物的叶面上。这种叶面喷雾方式可以直接向植物提供水分和养分，有助于植物吸收和利用，同时可以减少土壤表面的水分蒸发。

（3）病虫害防治：雾化器可以配合农药或生物控制剂使用，将其均匀喷洒到植物表面，有助于防治病虫害，减少害虫和病原体的侵袭，提高作物的产量。另外，还可以使用雾化器将黏性捕虫剂喷洒到大棚内，诱捕和控制飞行害虫。

（4）增加光线散射：当水滴悬浮在空气中时，可以起到散射光线的作用，能够使大棚内部的光线均匀分布，避免光照强度不均匀对植物生长和发育造成影响。特别在冬季或低光照强度条件下，雾化器可以提供更好的光照环境，促进光合作用和植物生长。

总的来说，大棚中的全自动雾化器通过增加湿度、降温、灌溉、输送营养、防治病虫害和改善光照强度等功能，为大棚内的植物提供了良好的生长环境，促进了作物的生长、发育和产量提升。

在使用场景上，雾化器可以广泛应用于家庭、办公室、工厂、大棚等，为各种植物提供雾化的营养液，从而促进植物的生长。

1.6.5 常用设备检测方法

（一）风速传感器

如图1-31（a）所示为三杯式风速传感器，该传感器应用范围广，可用于工程机械（起重机、门吊、塔吊等），以及铁路、港口、电厂、气象、索道、温室、养殖、农业、医疗、洁净空间等领域风速的测量，并输出相应的信号。

（a）三杯式风速传感器　　　（b）接线端子　　　（c）航空插头

图1-31　风速传感器

风速传感器技术参数如表1-15所示。

表1-15　风速传感器技术参数

测量范围	0～30m/s
使用场所	室外
防水类型	防水
供电方式	DC 12～24V
输出方式	电流：4～20mA

风速传感器外形小巧，便于携带和组装，采用优质铝合金型材，外部进行电镀喷塑处理，具有良好的防腐、防侵蚀等特点，能够保证仪器长期无锈，同时配合内部顺滑轴承系统，确保了信息采集的精确性，被广泛应用于温室、环境保护、气象站等。

其供电及通信端接线方式如下。

红线：供电电源正极；黑线：供电电源负极；蓝线：信号输出（电流）。

（1）外观检查：观察外观是否有破损等情况。

（2）功能检测：将风速传感器的电源线接入DC 24V电源，确保接线正确后接通电源，接着用数字万用表直流20mA挡进行测量。将万用表红表笔搭接风速传感器信号线，黑表笔串联一个120Ω负载电阻后，接入电源的负极，测出当前情况下的电流值。加速转动风速传感器的风杯，测量当前电流值是否增大，如电流值增大，则表示设备功能完好。

（二）二氧化碳传感器

二氧化碳传感器如图1-32所示。

（1）外观检查：观察外观是否有破损等情况。

（2）功能检测。

步骤1：查看二氧化碳传感器的技术指标。

步骤2：使用数字万用表欧姆挡检测二氧化碳传感器电源端和信号端之间是否存在短路现象。数字万用表选用2M挡，依次完成表1-16所示的二氧化碳传感器电源端和信号端之间的电阻值测量，如果测量发现电阻值很小（约为几欧），则说明线路出现短路现象，需进一步检修设备。

表 1-16　测量表

	R（红—黑）	R（红—蓝）	R（蓝—黑）
正向测量值（2M 挡）	从 1.2MΩ 开始增大	∞	∞
反向测量值（2M 挡）	∞	∞	∞

步骤 3：将二氧化碳传感器的电源线接入 DC 24V 电源，确保接线正确后接通电源，接着用数字万用表直流 20mA 挡进行测量。将万用表红表笔搭接二氧化碳传感器的绿色信号线，黑表笔串联一个 120Ω 负载电阻后，接入电源的负极，测出正常情况下的电流值（正常情况下电流值范围为 4～20mA），如在正常范围内，则表示设备功能完好。

（三）大气压力传感器

大气压力传感器如图 1-33 所示。

（1）外观检查：观察外观是否有破损等情况。

图 1-32　二氧化碳传感器

图 1-33　大气压力传感器

（2）功能检测。将大气压力传感器的电源线接入 DC 24V 电源，确保接线正确后接通电源，接着用数字万用表直流 20mA 挡进行测量。将万用表红表笔搭接大气压力传感器的信号线，黑表笔串联一个 120Ω 负载电阻后，接入电源的负极，测出正常情况下的电流值（正常情况下，电流值范围为 4～20mA），如在正常范围内，则表示设备功能完好。

1.6.6　物联网智慧应用

物联网将把新一代 IT 技术充分运用到各行各业之中，如图 1-34 所示。具体地说，就是把感应器嵌入到电网、铁路、桥梁、隧道、公路、建筑物、大坝、油气管道和商品中，然后将物联网与现有的互联网结合起来，实现人类社会与物理系统的整合。在这个整合的网络当中，存在能力超级强的中心计算机群，能够对整合网络内的人员和设备实施实时的管理和控制。在此基础上，人们可以更加精细和动态的方式管理生产和生活，这将极大地提高资源利用率和生产力水平。

世界上的万事万物，小到手表、钥匙，大到汽车、楼房，只要嵌入一个微型感应芯片，就可变得智能化，这个物体就可以"开口说话"。借助无线网络技术，人们就可以和物体"对话"，物体和物体之间也能"交流"，这就是物联网的作用。物联网搭上互联网这个"桥梁"，在世界上任何一个地方，我们都可以即时获取万事万物的信息。

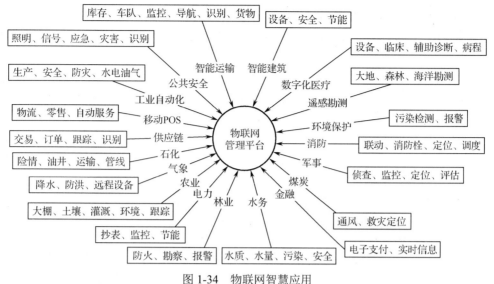

图 1-34　物联网智慧应用

目前，物联网主要的行业应用如下。

1. 智慧家居

智慧家居产品融合自动控制系统、计算机网络系统和通信技术，将各种家庭设备（如音视频设备、照明系统、安防系统、数字影院系统、网络家电等）通过智能家庭网络实现自动化，可以实现对家庭设备的远程操控。

2. 智慧医疗

智慧医疗系统借助简易实用的家庭医疗传感设备，对家中病人或老人的生理指标进行监测，并将生成的生理指标数据通过固定网络或无线网络传送给护理人或有关医疗单位。

3. 智慧城市

智慧城市产品包括对城市的数字化管理和对城市安全的统一监控。

4. 智慧环保

智慧环保产品通过对地表水水质的自动监测，可以实现水质的实时连续监测和远程监控，及时掌握主要流域重点断面处水体的水质状况，预警重大或流域性水质污染事故，解决跨行政区域的水污染事故纠纷，监督总量控制制度落实情况。

5. 智慧交通

智慧交通系统包括公交行业无线视频监控平台、智慧公交站台、电子票务、车管专家和公交一卡通等。

6. 智慧司法

智慧司法系统是一个集监控、管理、定位、矫正于一体的系统，能够帮助各地各级司法机构降低成本、提高效率。

7. 智慧农业

智慧农业产品通过实时采集温室内温度、湿度信号及光照强度、土壤温度、CO_2 浓度、叶面湿度、露点温度等参数，自动开启或者关闭指定设备。

8. 智慧物流

智慧物流打造了集信息展示、电子商务、物流配载、仓储管理、园区安保、海关保税等功能为一体的物流园区综合信息服务平台。

9. 智慧校园

智慧校园包括校园一卡通、智慧图书馆、校园进出门禁管理等功能，促进了校园的信息化和智能化。

10. 智慧文博

智慧文博系统是基于 RFID 和无线网络，运行在移动终端上的导览系统。

11. 其他应用

还有很多领域的物联网应用，如智慧电网、智慧安防、智慧汽车、智慧建筑、智慧水务、智慧商业、智慧工业、平安城市等。

1.6.7 智慧农业系统

1. 智慧农业的概念

智慧农业是指利用物联网技术实现对农业生产过程的监控，包括对农业设施、环境、动植物等各种资源的管理。通过对这些资源数据的实时采集、分析、预警、控制，达到提高农业生产效率、降低成本、改善环境质量的目的。

2. 智慧农业系统的应用

智慧农业系统在全国范围内的应用，使我国农业从传统的粗放型向集约型转变，实现了农业产业结构调整、农业资源优化配置、农业生产模式创新、农业生产经营方式变革的新突破，促进了农业现代化建设。但是，随着我国农业科技进步和农业生产力水平的提高，一些问题日益凸显，影响了农业发展。为此，必须加快推进农业科技创新，提高农业科技含量，增强农业竞争力，促进农业可持续发展。

3. 智慧农业系统的优势

（1）可以实现远程监控，通过手机 App 进行远程操控，可以实时查看温度、湿度、土壤肥力等信息，可以随时掌握田间情况，及时调整作物生长状态。（2）可以实现智能灌溉，根据作物需求自动控制水量，并且可以实现智能喷灌，不需要人工干预。（3）可以实现无人值守作业，随时监控作物的生长情况，并且可以远程控制。

4. 智慧农业系统的发展前景

智慧农业系统在未来有着广阔的发展前景，可以帮助农民解决很多问题。比如农产品的销售，可以通过物联网技术实现农产品的溯源，还可以通过物联网技术对农民进行精准扶贫，这些都是物联网技术的优势。

所以，未来物联网一定会成为我们生活中不可或缺的一部分，也会给我们带来更多的便利。

模块二　物联网智慧系统仿真设计模块

项目 2　智慧图书馆环境监控系统设计与调试

项目学习目标

在项目 2 中，将完成智慧图书馆环境监控系统的设计与调试，要达成的学习目标如表 2-1 所示。

表 2-1　学习目标

目标类型	序号	学习目标
知识目标	K1	能说出智慧图书馆环境监控系统各设备名称和作用
	K2	能复述智慧图书馆环境监控系统各设备端口配置情况
	K3	能复述智慧图书馆环境监控系统各设备信号传输方式
能力目标	S1	能分析智慧图书馆环境监控系统的功能目标
	S2	能设计智慧图书馆环境监控系统设计方案并画出方案拓扑图
	S3	能画出智慧图书馆环境监控系统电路组成图
	S4	能识读智慧图书馆环境监控系统电路连接图
	S5	能在仿真平台中选择智慧图书馆环境监控系统设备
	S6	能在仿真平台中完成智慧图书馆环境监控系统设备连线
	S7	能检测和确定智慧图书馆环境监控系统故障并排除故障
素质目标	Q1	能按 6S 规范进行实训台整理
	Q2	能按规范标准进行系统和设备操作
	Q3	能按要求做好任务记录和填写任务单
	Q4	能按时按要求完成学习任务
	Q5	能与小组成员协作完成项目学习
	Q6	能结合评价表进行个人学习目标达成情况评价和反思
	Q7	能积极参与课堂教学活动
	Q8	能积极主动进行课前预习和课后拓展练习

2.1　项目任务

2.1.1　项目情境分析

图书馆是为读者提供书籍文献阅读等服务的场所，与人们的生活有着密切的联系。随着现代科学技术的发展，图书馆的各种设施也发生着巨大的变化。智慧图书馆可以基于物联网技术对馆内环境进行智能控制，如智能照明、温湿度调节、环境监控等。其中，智慧图书馆环境监控在保护图书资料、保障读者舒适度、节能减排和安全预警等方面，对于提升服务质量和可持续发展具有重要作用。

本项目通过仿真平台设计和实现智慧图书馆环境监控系统的功能，介绍智慧图书馆环境监控系统的仿真搭建，包括仿真设备、仿真连线及仿真验证，运用上位机对系统感知层设备（室内外温湿度传感器）进行数据采集，对馆内的各项环境参数进行实时协调，采集硬件设备的当前数据，在仿真平台上进行显现。

2.1.2　项目设计目标

结合实际校园图书馆环境监控应用需求和物联网实训平台，智慧图书馆环境监控系统的功能目标如表 2-2 所示。

表 2-2　智慧图书馆环境监控系统的功能目标

序号		功能目标
1	整体目标	实现由传感器、采集器、控制器、PC 组成的智慧图书馆环境监控系统
2		使用传感器采集设备参数，并传输到 PC
3		在 PC 端实现系统自动控制功能
4	环境监测及控制	实现智慧图书馆环境监控系统环境监测功能
5		在 PC 端进行智慧图书馆环境数据监测，实现自动控制功能

小提示：依托智慧图书馆环境监控系统，集成行业中常见的各种典型传感器，以及执行器，通过对传感器的接线、安装配置、业务应用等方面的实操训练，促进物联网设备安装调试方法与技能的提升。引入大数据中的云平台，可以通过云平台采集传感器数据和控制器件，进一步扩展系统功能。

2.1.3　项目设计任务单

请按项目实施步骤完成本项目的学习，填写表 2-3 中各项内容。

表 2-3　智慧图书馆环境监控系统设计任务单

智慧图书馆环境监控系统设计任务单			
小组序号和名称		组内角色	
小组成员			
任务准备			
1．PC		4．IoT 系统软件包	
2．IoT 实训台		5．IoT 系统工具包	
3．IoT 系统设备箱		6．加入在线班级	

续表

任务实施	
智慧图书馆环境监控系统方案设计	
智慧图书馆环境监控系统设备组成	
智慧图书馆环境监控系统仿真设计步骤	

智慧图书馆环境监控系统设计过程中遇到的故障记录	
故障现象	解决方法

总结系统设计过程中的注意事项和建议

目标达成情况	知识目标		能力目标		素质目标	
综合评价结果						

2.2 项目实施

2.2.1 智慧图书馆环境监控系统方案设计

（一）智慧图书馆环境监控系统功能目标分析

引导问题：请结合智慧图书馆环境监控系统的功能目标，思考运用什么技术和设备可以实现相关功能，有哪些智能控制策略，填写在表 2-4 中。

表 2-4 智慧图书馆环境监控系统的功能目标分析

序号	功能目标		设计方案
1	整体目标	实现由传感器、采集器、控制器、PC 组成的智慧图书馆环境监控系统	
2		使用传感器采集设备参数，并传输到 PC	
3		在 PC 端实现系统自动控制功能	
4	环境监测及控制	实现智慧图书馆环境监控系统环境监测功能	
5		在 PC 端进行智慧图书馆环境数据监测，实现自动控制功能	

（二）智慧图书馆环境监控系统设计方案分析

小提示：根据智慧图书馆环境监控系统的功能目标，并结合物联网仿真平台设备，分析各功能的实现方法，系统功能图如图 2-1 所示，仅供学习参考，也可以结合自己学校的实际情况和实训设备进行功能创新。

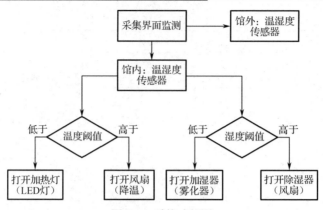

图 2-1 系统功能图

小提示：智慧图书馆环境监控系统通过 RS-485 转换器将采集到的数据上传至 PC。环境监测主要是指采集馆内外区域的环境数据，即馆内外的温湿度。当馆内温度低于设定的阈值时，自动打开加热灯；温度高于设定的阈值时，自动打开风扇。当馆内的湿度低于设定的阈值时，会不利于馆内植物生长，自动打开加湿器；反之，自动打开除湿器。

请根据智慧图书馆环境监控系统的功能目标，结合系统应用需求，在表 2-5 中列出系统需要的传感器和执行器清单。

表 2-5 智慧图书馆环境监控系统设备任务单

设备任务单			
序号	传感器	序号	执行器
1		1	
2		2	
3		3	
4		4	
5		5	

小提示：结合以上分析和设计，梳理和总结智慧图书馆环境监控系统设计方案（见表 2-6）。也可以这个方案为基础，进行系统拓展功能设计。

表 2-6 智慧图书馆环境监控系统设计方案

序号	功能目标		设计方案
1	整体目标	实现由传感器、采集器、控制器、PC 组成的智慧图书馆环境监控系统	采集器和执行器直接通过 RS-485 转换器与 PC 实现数据互传
2		使用传感器采集设备参数，并传输到 PC	运用传感器节点（ADAM-4017 模拟量采集器）采集数据并上传至 PC
3		在 PC 端实现系统自动控制功能	PC 通过 RS-485 转换器实现对执行器的控制
4	环境监测及控制	实现智慧图书馆环境监控系统环境监测功能	运用温湿度传感器进行室内外环境监测
5		在 PC 端进行智慧图书馆环境数据监测，实现自动控制功能	传感器、执行器通过 RS-485 转换器与 PC 实现数据的互传，从而实现系统数据监测和自动控制

（三）智慧图书馆环境监控系统电路设计

1. 智慧图书馆环境监控系统设备选择

引导问题：请结合智慧图书馆环境监控系统设计方案及物联网仿真平台实际情况，思考如何选择传感器、执行器及其他设备组件，填写表 2-7。

表 2-7　智慧图书馆环境监控系统设备任务单

智慧图书馆环境监控系统设备任务单					
序号	设备名称	选择（√/×）	序号	设备名称	选择（√/×）
1	PC		18	ADAM-4150 数字量采集器	
2	物联网智能网关		19	超高频 UHF 阅读器	
3	串口服务器		20	高频读卡器	
4	路由器		21	低频读卡器	
5	有线温湿度传感器		22	条码打印机	
6	有线光照传感器		23	条码扫描枪	
7	有线人体红外传感器		24	低频射频卡	
8	有线火焰传感器		25	超高频 UHF 电子标签	
9	有线烟雾传感器		26	高频射频卡	
10	有线空气质量传感器		27	风扇（降温、除湿器）	
11	有线 PM2.5 传感器		28	LED 灯	
12	有线二氧化碳传感器		29	LED 报警灯	
13	有线微波传感器		30	电子喷淋器	
14	有线红外对射传感器		31	双联继电器	
15	有线可燃气体传感器		32	单联继电器	
16	ZigBee 协调器		33	雾化器（加湿器）	
17	ADAM-4017 模拟量采集器		34	摄像头	

智慧图书馆环境监控系统设备选择请参考如表 2-8 所示的清单。

表 2-8　智慧图书馆环境监控系统设备清单

序号	智慧图书馆环境监控系统设备清单	数量
1	ADAM-4017 模拟量采集器	1
2	室内温湿度传感器	1
3	室外温湿度传感器	1
4	ADAM-4150 数字量采集器	1
5	继电器	4
6	风扇（降温）	1
7	LED 灯	1
8	雾化器（加湿器）	1
9	风扇（除湿器）	1
10	RS-485/ RS-232 转换器	1

2. 智慧图书馆环境监控系统设备连线图

引导问题：请结合智慧图书馆环境监控系统设计方案及物联网仿真平台的设备条件和各设备的特性、端口设置情况，思考如何进行系统设备连接。

小提示：ADAM-4150 数字量采集器（见图 2-2）又称开关量/数字量 I/O 模块，是一种典型的物联网设备，主要用于对物理信号进行采集、处理和执行，可以独立提供智能信号处理、模拟量 I/O、数字量 I/O 和 LED 数据显示，此外其地址模式采用了人性化设计，可以方便地读取模块地址。ADAM-4150 具有 7 个输入端口及 8 个输出端口，DO0～DO7 为输出端口，通常用来输出执行器信号；DI0～DI6 为输入端口，通常用来输入传感器信号。ADAM-4150 可以同时采集多个传感器信号并进行处理。在信号传输方面，ADAM-4150 可以通过 Y 和 G 两个端口与串行 485 端口连接，实现数据的传输和控制。其端口设置情况如表 2-9 所示。

表 2-9　ADAM-4150 数字量采集器的端口设置情况

ADAM-4150 数字量采集器端口设置			
端口	具体功能	端口	具体功能
DI0～DI6	输入端口	（G）DATA-	485-
DO0～DO7	输出端口	（R）+Vs	电源端（DC 24V）
（Y）DATA+	485+	（B）-GND	电源地

小提示：ADAM-4017（见图 2-3）是一款 16 位、8 通道的模拟量输入模块，可以采集电压、电流等模拟量输入信号。8 路差分输入，输入类型：mV、V、mA；隔离电压：DC 3000V，支持 Modbus；支持电流：4～20mA。其端口设置情况如表 2-10 所示。

图 2-2　ADAM-4150 数字量采集器　　　　图 2-3　ADAM-4017 模拟量采集器

表 2-10　ADAM-4017 模拟量采集器的端口设置情况

ADAM-4017 模拟量采集器端口设置			
端口	具体功能	端口	具体功能
Vin0～Vin7+	输入端口+	（G）DATA-	485-
Vin0～Vin7-	输入端口-	（R）+Vs	电源端（DC 24V）
（Y）DATA+	485+	（B）-GND	电源地

小提示：依据智慧图书馆环境监控系统功能目标和设计方案，结合仿真平台的设备资源，除选择相应传感器和执行器外，将 RS-485 转换器采集的数据上传至 PC，在 PC 端进行访问和智能应用，系统包含的设备如图 2-4 所示。

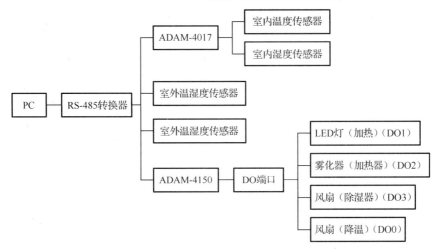

图 2-4　系统包含的设备

依据以上分析及设备和组件的端口设置情况，智慧图书馆环境监控系统设备连线图如图 2-5 所示。

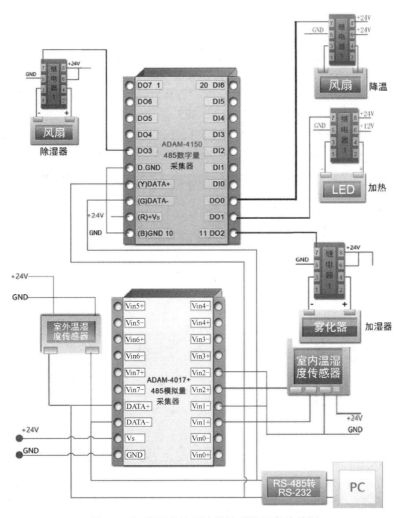

图 2-5　智慧图书馆环境监控系统设备连线图

根据系统设备连线图，可列出端口的配置情况，如表 2-11 所示。

表 2-11 端口分配表

序号	传感器名称	供电电压	模拟量采集器端口
1	室内温湿度传感器（温度）	DC 24V	Vin1+
2	室内温湿度传感器（湿度）	DC 24V	Vin2+
3	室外温湿度传感器（温度）	DC 24V	DATA+
4	室外温湿度传感器（湿度）	DC 24V	DATA-
5	风扇（降温）	DC 24V	DO0
6	LED 灯（加热）	DC 12V	DO1
7	雾化器（加湿器）	DC 24V	DO2
8	风扇（除湿器）	DC 24V	DO3

2.2.2 智慧图书馆环境监控系统仿真设计与调试

在智慧图书馆环境监控系统方案设计基础上，请按以下步骤在物联网仿真平台中搭建系统。

（一）系统仿真

运行物联网仿真平台，将设备拖入到右边的仿真设计区，分别是：传感器—有线传感—温湿度传感器（温度端口 1、湿度端口 2）、485 型温湿度传感器，采集器—I/O 模式—ADAM-4017、ADAM-4150，4 个继电器，风扇 1、风扇 2 与水泵和雾化器，其他设备—其他外设—RS-485/RS-232 转换器，继电器电源，如图 2-6 所示。

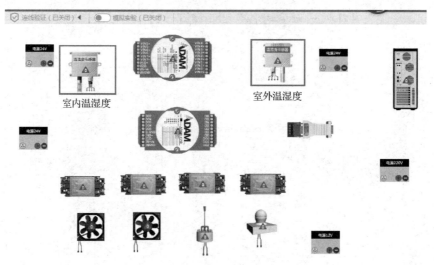

图 2-6 仿真设备图

将仿真设计区中的所有设备进行连线，用鼠标单击各接线口，当鼠标显示为手形时，移动鼠标绘制线路，选中连线后按 Delete 键可删除连线。参考仿真设备连线图（见图 2-7），注意电源根据设备而定。

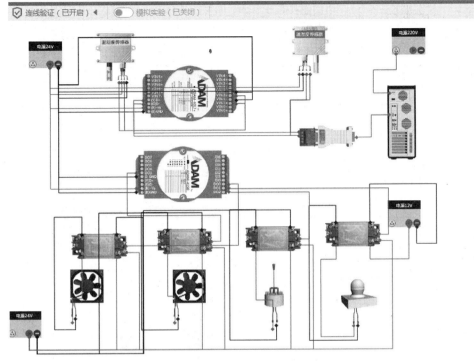

图 2-7　仿真设备连线图

所有设备连接完成后，单击"模拟实验（已开启）"按钮，两个传感器显示监测的模拟值，如图 2-8 所示。

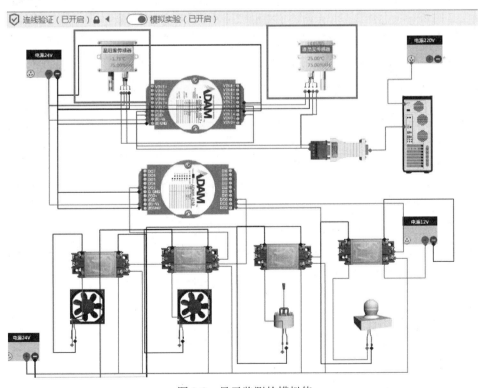

图 2-8　显示监测的模拟值

（二）采集仿真平台中的实时值

打开智慧图书馆环境监控系统，在仿真平台中设置虚拟串口号，在采集系统中设置串口号与传感器对应的端口号，单击"采集"按钮。此时检测到馆内的温度较低，触发加热器（加热灯）开启。

智慧图书馆环境监控系统采集数据界面如图 2-9 所示。请结合仿真实验情况，将仿真实验数据填入表 2-12 中。

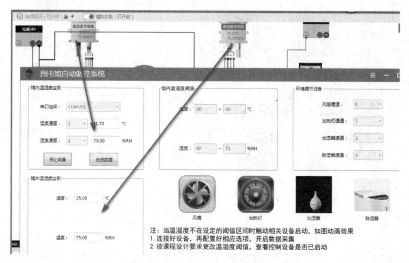

图 2-9　智慧图书馆环境监控系统采集数据界面

表 2-12　智慧图书馆环境监控系统仿真实验记录表

智慧图书馆环境监控系统仿真实验记录表			
序号	设备名称	端口连接	实验结果
1			
2			
3			
4			
5			
6			
7			
8			

2.3　项目检查评估

2.3.1　项目设计任务单填写

请结合学习情况填写任务单，并准备进行项目检查评价。

2.3.2　项目检查评价

请结合学习任务完成情况及学习评价标准参考表（见表 2-13）进行自评、互评、师评和综合评价，评价情况填入表 2-14 中，并将综合评价结果填到表 2-3 中。其中，各评价结果的权重分别是：自评占 20%、互评占 20%、师评占 60%，即综合评价=自评×20%+互评×20%+师评×60%。

表 2-13　学习评价标准参考表

目标类型	序号	评价指标	评价标准	分数	评价标准	分数	评价标准	分数
		学习评价标准参考表						
知识目标	K1	能说出智慧图书馆环境监控系统各设备名称和作用	正确完整	8	部分正确	4	不能	0
	K2	能复述智慧图书馆环境监控系统各设备端口配置情况	正确完整	8	部分正确	4	不能	0
	K3	能复述智慧图书馆环境监控系统各设备信号传输方式	正确完整	8	部分正确	4	不能	0
能力目标	S1	能分析智慧图书馆环境监控系统的功能目标	正确完整	6	部分正确	3	不能	0
	S2	能设计智慧图书馆环境监控系统设计方案并画出方案拓扑图	正确完整	5	部分正确	2	不能	0
	S3	能画出智慧图书馆环境监控系统电路组成图	正确完整	5	部分正确	2	不能	0
	S4	能识读智慧图书馆环境监控系统电路连接图	正确完整	5	部分正确	2	不能	0
	S5	能在仿真平台中选择智慧图书馆环境监控系统设备	正确完整	5	部分正确	2	不能	0
	S6	能在仿真平台中完成智慧图书馆环境监控系统设备连线	正确完整	5	部分正确	2	不能	0
	S7	能检测和确定智慧图书馆环境监控系统故障并排除故障	正确完整	5	部分正确	2	不能	0
素质目标	Q1	能按 6S 规范进行实训台整理	规范	5	不规范	2	未做	0
	Q2	能按规范标准进行系统和设备操作	正确完整	5	不完整	2	未做	0
	Q3	能按要求做好任务记录和填写任务单	正确完整	5	不完整	2	未做	0
	Q4	能按时按要求完成学习任务	按时完成	5	补做	2	未做	0
	Q5	能与小组成员协作完成项目学习	充分参与	5	不参与	0		
	Q6	能结合评价表进行个人学习目标达成情况评价和反思	充分参与	5	不参与	0		
	Q7	能积极参与课堂教学活动	充分参与	5	不参与	0		
	Q8	能积极主动进行课前预习和课后拓展练习	充分参与	5	不参与	0		

表 2-14 项目学习评价表

项目学习评价表							
目标类型	序号	具体目标	分数	自评	互评	师评	综合评价
知识目标	K1	能说出智慧图书馆环境监控系统各设备名称和作用	8				
	K2	能复述智慧图书馆环境监控系统各设备端口配置情况	8				
	K3	能复述智慧图书馆环境监控系统各设备信号传输方式	8				
能力目标	S1	能分析智慧图书馆环境监控系统的功能目标	6				
	S2	能设计智慧图书馆环境监控系统设计方案并画出方案拓扑图	5				
	S3	能画出智慧图书馆环境监控系统电路组成图	5				
	S4	能识读智慧图书馆环境监控系统电路连接图	5				
	S5	能在仿真平台中选择智慧图书馆环境监控系统设备	5				
	S6	能在仿真平台中完成智慧图书馆环境监控系统设备连线	5				
	S7	能检测和确定智慧图书馆环境监控系统故障并排除故障	5				
素质目标	Q1	能按 6S 规范进行实训台整理	5				
	Q2	能按规范标准进行系统和设备操作	5				
	Q3	能按要求做好任务记录和填写任务单	5				
	Q4	能按时按要求完成学习任务	5				
	Q5	能与小组成员协作完成项目学习	5				
	Q6	能结合评价表进行个人学习目标达成情况评价和反思	5				
	Q7	能积极参与课堂教学活动	5				
	Q8	能积极主动进行课前预习和课后拓展练习	5				
项目总评							
评价人							

2.4 项目总结反思

请结合项目的学习情况，进行反思和总结，写出在知识、能力、素质三个方面的学习事实、学习收获、存在问题及未来计划努力方向，填写在表 2-15 中。

表 2-15　4F 反思总结表

4F 反思总结表			
4F	知识	能力	素质
Facts 事实（学习）			
Feelings 感受（收获）			
Finds 发现（问题）			
Future 未来（计划）			

2.5　项目设计资料拓展练习

智慧安防监控系统设备连线图如图 2-10 所示，请结合项目 2 的学习，运用物联网仿真平台完成系统的设计与调试，并将仿真实验结果填入表 2-16 中。

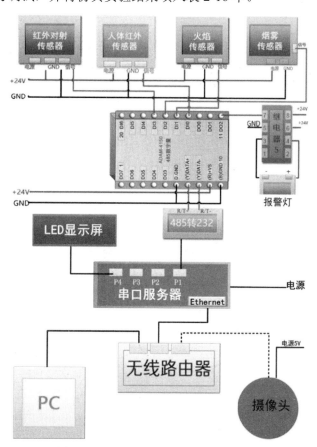

图 2-10　智慧安防监控系统设备连线图

表 2-16　智慧安防监控系统仿真实验记录表

智慧安防监控系统仿真实验记录表			
序号	设备名称	端口连接	实验结果
1			
2			
3			
4			
5			
6			
7			
8			

2.6　项目知识链接

2.6.1　RS-485 通信

RS-485 通信通俗地讲就是串行通信的一种模式，广泛采用 RS-485 串行总线标准。RS-485 通信采用差分信号负逻辑，+2V～+6V 表示"0"，−6V～−2V 表示"1"。RS-485 通信有两线制和四线制两种接线方式，四线制只能实现点对点的通信，现在很少采用，多采用两线制。两线制接线方式为总线型拓扑结构，在同一条总线上最多可以挂接 32 个节点。在 RS-485 通信网络中一般采用主从通信方式，即一个主机带多个从机。很多情况下，连接 RS-485 通信电路时只需简单地用一对双绞线将各个接口的"A""B"端连接起来。

在使用 RS-485 接口时，对于特定的传输线路，从 RS-485 接口到负载其数据信号传输所允许的最大电缆长度与传输信号的波特率成反比，这个长度主要受信号失真及噪声等所影响。理论上 RS-485 通信的最长传输距离能达到 1200m，但在实际应用中传输的距离要比 1200m 短，具体能传输多远要视周围环境而定。

计算机串口可以直接读取 RS-232 信号，但不能直接读取 RS-485 信号，所以计算机通过 RS-485/RS-232 转换器依次连接多台 RS-485 设备，采用轮询的方式，对总线设备轮流进行通信。

2.6.2　物联网智慧应用系统中常用设备

（一）室内（模拟量型）温湿度传感器

温度：度量物体冷热的物理量，是国际单位制中 7 个基本物理量之一。在生产和科学研究中，许多物理现象和化学过程都是在一定温度下进行的，人们的生活也和其密切相关。

湿度：日常生活中最常用相对湿度来表示湿度，用%RH 表示。在物理量的导出上相对湿度与温度有着密切的关系。一定体积的密闭气体，温度越高其相对湿度越低，温度越低其相对湿度越高。

温湿度传感器只是传感器的一种，其把空气中的温湿度通过一定检测装置，按一定的规律变换成电信号或其他所需形式输出，以满足用户需求。

（1）概述：温湿度传感器广泛适用于通信机房、仓库、楼宇等需要进行温湿度监测的场所。该传感器中的输入单元、测温单元、信号输出单元三部分完全隔离，安全可靠，外形美观，安装方便。

（2）功能特点：具有测量精准的测温单元；采用专用模拟量电路，使用范围广；10～30V宽电压范围供电，规格齐全，安装方便；可同时适用于四线制与三线制接法；由于采用模拟量输出，传输距离比较近，一般用于室内采集，也称为室内温湿度传感器（见图2-11）。

（3）室内温湿度传感器主要技术参数如表2-17所示。

表 2-17　室内温湿度传感器主要技术参数

直流供电（默认）		DC 10～30V
最大功耗	电压输出	1.2W
	电流输出	1.2W
精度	湿度	±3%RH（5%RH～95%RH，25℃典型值）
	温度	±0.5℃（25℃典型值）
传感器电路工作温度		−20℃～+60℃，0～80%RH
探头工作温度		−40℃～+120℃，默认−40℃～+80℃
探头工作湿度		0～100%RH
长期稳定性	湿度	≤1%RH/y
	温度	≤0.1℃/y
响应时间	湿度	≤8s（1m/s 风速）
	温度	≤25s（1m/s 风速）
输出信号	电流输出	4～20mA
	电压输出	0～5V/0～10V
负载能力	电压输出	输出电阻≤250Ω
	电流输出	输出电阻≤600Ω
注：带显示产品最大电流增加 5mA		

（二）室外（485 型）温湿度传感器

（1）概述：该传感器（见图2-12）广泛适用于农业大棚、花卉温室等需要监测温湿度的场合。该传感器中的输入单元、感应探头、信号输出单元三部分完全隔离，安全可靠，外形美观，安装方便。

图 2-11　室内温湿度传感器

图 2-12　室外（485 型）温湿度传感器

（2）功能特点：采用高灵敏度的探头，信号稳定，精度高；具有测量范围宽、线性度好、防水性能好、使用方便、便于安装、传输距离远等特点。

（3）室外（485 型）温湿度传感器主要技术参数如表 2-18 所示。

表 2-18　室外（485 型）温湿度传感器主要技术参数

直流供电（默认）		DC 9～24V
最大功耗	RS-485 输出	0.4W
精度	湿度	±3%RH（5%RH～95%RH，25℃典型值）
	温度	±0.5℃（25℃典型值）
测量范围	湿度	0～100% RH
	温度	−40℃～80℃（可定制）
长期稳定性	湿度	≤1%RH/y
	温度	≤0.1℃/y
输出信号		RS-485 输出（Modbus 协议）

2.6.3　常用设备检测

（一）室内（模拟量型）温湿度传感器检测

（1）外观检查：观察外观是否有破损，电源线、信号线是否有脱落等情况。

（2）功能检测。

步骤 1：查看技术说明书。

工作电压：DC 22～26V，输出电流：4～20mA。

红色线：电源正极；黑色线：电源负极；绿色线：湿度信号；蓝色线：温度信号。

步骤 2：使用数字万用表欧姆挡检测室内温湿度传感器电源端和信号端之间是否存在短路。数字万用表选用 2M 挡，依次测量表 2-19 所示的室内温湿度传感器电源端和信号端之间的电阻值，如果发现电阻值很小（约为几欧），则说明线路出现短路现象，该设备需进一步检修。

表 2-19　检测表

	R（红—黑）	R（红—绿）	R（绿—黑）	R（红—蓝）	R（蓝—黑）
正向测量值（2M 挡）	1.5MΩ 开始增大	∞	∞	∞	∞
反向测量值（2M 挡）	∞	∞	1.07MΩ	∞	1.03MΩ

步骤 3：确保接线正确后，接通 DC 24V 电源，接着用数字万用表直流 20mA 挡进行测量。首先测量湿度（绿色线），将万用表红表笔搭接绿色线，黑表笔串联一个 120Ω 负载电阻后，接入电源的负极，测出室温情况下（温度 23.3℃、湿度 49.8%RH）的电流值为 11.995mA。接着测量温度（蓝色线），将万用表红表笔搭接蓝色线，黑表笔串联一个 120Ω 负载电阻后，接入电源的负极，测出室温情况下（温度 23.3℃、湿度 49.8%RH）的电流值为 11.595mA。以上测量结果表示设备功能完好。

（二）室外（485 型）温湿度传感器检测

（1）外观检查：观察外观是否有破损，电源线、信号线是否有脱落等情况。

（2）功能检测。

步骤1：查看技术说明书。

工作电压：DC 12～24V，输出信号：RS-485。

棕色线：电源正极；黑色线：电源负极；黄色（灰色）
线：485-A（485+），蓝色线：485-B（485-）。

步骤2：按线的顺序连接传感器与"USB 转 485 转换器"。

步骤3：用 USB 线连接计算机与转换器的梯形口。

步骤4：接通电源，可在厂家配置软件（见图 2-13）中
显示读数。

图 2-13　厂家配置软件

（三）ADAM-4017 模拟量采集器检测

（1）外观检查：观察外观是否有破损，接线端子是否有损坏等情况。

（2）功能检测。使用红黑线，用红线将 ADAM-4017 的+Vs 端接 DC 24V 电源的正极，
用黑线将 ADAM-4017 的-GND 端接电源的负极，上电后，ADAM-4017 的 Status 指示灯一直
闪烁。执行上述操作后，可以初步判断 ADAM-4017 功能是否完好。

（四）ADAM-4150 数字量采集器检测

（1）外观检查：观察外观是否有破损，接线端子是否有损坏等情况。

（2）功能检测。使用红黑线，用红线将 ADAM-4150 的+Vs 端接 DC 24V 电源的正极，
用黑线将 ADAM-4150 的-GND 端接电源的负极，上电后，ADAM-4150 的 Status 指示灯一直
闪烁。接着使用一根导线，将导线一端接 DC 24V 电源的负极，另外一端去接触 DI 输入端，
将 DI 输入端接低电平，例如，当 DI0 接低电平时，DI0 对应的指示灯亮。执行上述操作后，
可以初步判断 ADAM-4150 功能是否完好。

（五）风扇检测

（1）外观检查：观察外观是否有破损，电源线是否有脱落等情况。风扇实物图如图 2-14
所示。

（2）功能检测：将风扇电源的正负极接 DC 24V 电源的正负极，如果风扇可以正常运转
那么表示风扇的功能是正常的。

（六）LED 灯检测

（1）外观检查：观察 LED 灯及灯座外观是否有损坏，灯座内卡口、接线柱等是否完好。
LED 实物图如图 2-15 所示。

（2）功能检测。

步骤1：使用数字万用表欧姆挡检测 LED 灯的正极和负极之间是否存在短路现象，数字
万用表选用 2M 挡，测得正反向电阻值应趋于 ∞。

步骤2：拆开灯座面板，区分灯座的 L、N 端。

步骤3：连接电源线，将灯座中标注为"L"和"N"的接线柱分别用红黑线接入 12V 直
流电源的正极和负极。

步骤4：测试线路连接情况。使用万用表蜂鸣挡，测量灯座 L 端与设备工位上的 12V 直
流电源的正极之间是否导通，接着测量灯座 N 端与设备工位上的 12V 直流电源的负极之间是
否导通，最后测量灯泡正负极之间是否有短路现象。若发现上述测量结果有不正常处，则需
重新检查接线情况。

步骤5：功能测试。将LED灯装入灯座中，接通电源，如LED灯亮则表示设备功能完好。

（七）雾化器检测

（1）外观检查：观察雾化器的外观，检查外壳是否有破损，电源线绝缘皮是否有破损等情况。如图2-16所示为雾化器实物图。

（2）功能检测：将雾化器的金属头放入水容器中，雾化器的电源插头插入220V电源插座中，此时，雾化器上的彩色指示灯点亮，同时水面上开始出现水雾，出现以上操作结果表示设备功能完好。

图2-14　风扇实物图

图2-15　LED灯实物图

图2-16　雾化器实物图

2.6.4　物联网（实训）仿真平台

物联网（实训）仿真平台（系统）是一款虚拟的物联网系统安装与维护学习平台，不仅有真实度极高的仿真实验设备，与实际操作高度贴合的实验平台，给学习者以身临其境之感，而且平台中覆盖了现阶段物联网教学中的常用设备。

（一）平台安装

安装：双击仿真平台安装包即可安装（建议安装时关闭杀毒软件，安装过程略）。

（二）平台主界面、工具栏、设备区

1. 平台主界面
平台主界面如图2-17所示。

图2-17　平台主界面

2. 工具栏

工具栏如图 2-18 所示。

图 2-18 工具栏

（1）创建：新建新的工作台。

（2）打开：载入仿真包文件（.N2V 格式）。

（3）保存（另存为）：将当前工作台作为仿真包文件（.N2V 格式）或者以图片格式保存到硬盘中。

（4）全部保存：将所有的工作台做逐一保存。

（5）撤销：撤销当前工作台的操作记录。

（6）恢复：恢复当前工作台被撤销的操作记录。

（7）对齐：设置左对齐、右对齐等。

（8）排序：设置设备叠层顺序。

3. 设备区

设备区包含常见的物联网教学设备，如多种类型的传感器、传感数据的采集模块等。设备分类如图 2-19 所示，可拖动设备到右侧的设计区进行实验设计和模拟验证。

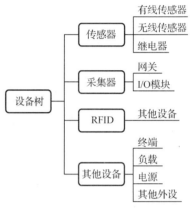

图 2-19 设备分类

（三）设计区

设计区如图 2-20 所示，包括如下几个部分。

① 工作台主功能操作区。

② 连线图操作区：可添加/删除自定义的连线图、设置背景图、查看消息面板。

③ 仿真设计区：可对仿真设备做连线、验证、模拟实验。

④ 比例尺：定位工作台的操作区，进行缩放操作。

⑤ 工作台标签栏。

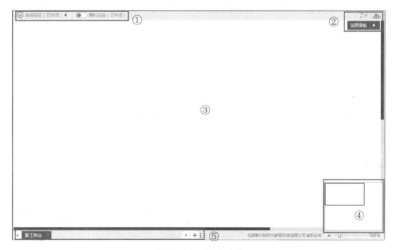

图 2-20 设计区

1. 工作台主功能操作区

其中的验证按钮如图 2-21 所示。

（1）连线验证：单击此按钮可开启/关闭实时连线验证功能，如图 2-22 所示。

图 2-21　验证按钮　　　　　　　　　　　图 2-22　验证连线上报

连线上报设置：主要用于设置授权服务器的地址及上传数据地址，如图 2-23 所示。

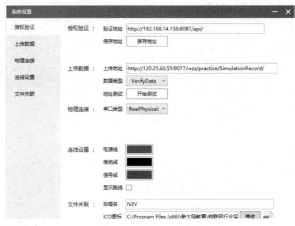

图 2-23　连线上报设置

（2）模拟实验：单击此按钮可开启/关闭模拟实验功能。

2. 连线图操作区

如图 2-24 所示，单击右上角 图标可导入自定义的连线图，还可以方便、快捷地查看、删除连线图。

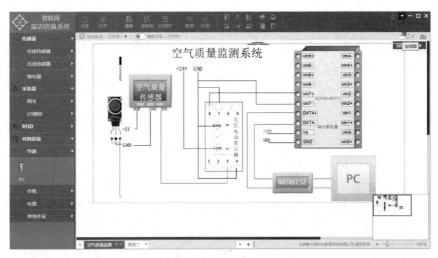

图 2-24　查看连线图

单击 图标弹出可插入的本地图片，可在当前工作台中插入此图片作为背景图，也可以方便、快捷地查看、删除背景图，如图 2-25 所示。

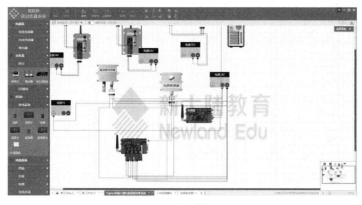

图 2-25 查看背景图

3. 仿真设计区

仿真设计区如图 2-26 所示，在其中右击可弹出右键菜单，如图 2-27 所示。

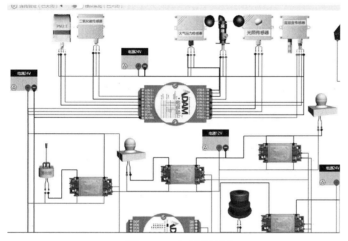

图 2-26 仿真设计区 图 2-27 右键菜单

4. 比例尺

比例尺如图 2-28 所示。

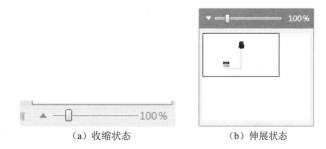

（a）收缩状态 （b）伸展状态

图 2-28 比例尺

5. 工作台标签栏

工作台标签栏如图 2-29 所示。

（1）左右箭头：使标签栏左右滚动。

每个标签右边都有一个"关闭"按钮，可用于快捷关闭工作台。

（2）最右边的分离器（三个点），可用于调整标签栏长度。

下拉菜单按钮位于平台主界面右上角，单击即可弹出下拉配置项，如图 2-30 所示。

图 2-29　工作台标签栏　　　　　　　　　　　　　图 2-30　下拉配置项

单击图 2-30 中的"设置"选项，弹出系统设置界面，如图 2-31 所示，包括标题栏、快速导航栏、配置项。

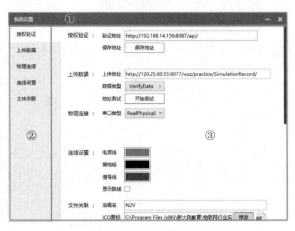

图 2-31　系统设置界面

（四）供电介绍

1. 供电状态

（1）不需要供电设备的默认状态为正常供电，不需要连接电源。

（2）需要供电设备的状态分为三种。

未供电：设备未接电源，提示图标为 ⚠。

供电异常：设备已接电源，但是电压不符合工作电压要求，提示图标为 ⚠。

正常供电：设备已接电源，且电压符合工作电压要求，无提示图标。

2. 供电类型

现阶段用到的设备供电类型分为红黑线供电和适配器供电。

红黑线供电：有线端引出或者有接线端子的设备大部分需要红黑线供电，线端示意图为 ⊓⊓ 。

适配器供电：示意图为 ▭。

3. 连线状态

连线状态分为三种。

正常：连线为实线。

错误：连线为虚实线，且中间有红色叉号。

异常：连线为黄色实线，表示连线本身是正确的，但一些额外要求未符合。例如：ADAM-4017 的 Vin 端数据不符合回路规则。

（五）功能介绍

1. 对设备的操作

（1）放入设备

操作：用鼠标单击设备列表中的小图标并拖动到设计区，当提示为☑时，放开鼠标，即可放入设备。不可放入示例：🖼️；可放入示例：🖼️ 。

（2）拖动设备

操作：单击设计区中的设备并保持单击状态，当鼠标指针变为✥形，拖动鼠标，设备即可跟随移动。

（3）编辑设备

操作：右击设计区中的设备，则弹出快捷菜单（见图2-32），可选择菜单选项或者使用快捷键进行操作。

特殊说明：选中多个设备时，对设备的编辑会实施到所有被选中的设备，这就是对设备的成组操作。

（4）多选设备

操作：单击设计区中的空白区域并拖动，会出现虚线框，虚线框会随着对鼠标的拖动而放大/缩小，虚线框内（完全包含）的设备会被选中，如图2-33所示。

图2-32　快捷菜单

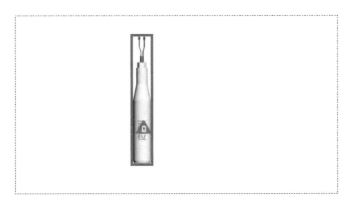

图2-33　多选设备

（5）对齐设备

操作：多选（至少两个）设计区中的设备，单击工具栏中的"对齐"按钮。

特殊说明：对齐的基准为第一个选中的设备。

（6）将设备排序

选中设备（可选中多个设备），单击工具栏中的"排序"按钮。

2. 工作台操作

（1）新建工作台

操作：单击工具栏中"创建"按钮即可新建一个空白工作台，或者单击"打开"按钮从仿真包文件新建工作台。

特殊说明：新建的空白工作台的初始名称为"新的工作台"。从仿真包文件创建的工作台，名称由仿真包文件中保存的数据决定。

（2）重命名工作台

操作：在工作台标签栏中找到所对应的标签，双击进入编辑模式，即可进行工作台的重命名，如图 2-34 所示。

（3）关闭工作台

操作：单击主界面中的"关闭"按钮可以关闭当前工作台，或者单击工作台标签栏中"关闭"按钮关闭指定工作台。

特殊说明：平台中至少要存在一个工作台，所以当关闭最后一个工作台时，系统会新建一个新的工作台。

（4）调整工作台标签栏

操作：当工作台过多时，有些标签会被隐藏，这时可以调整工作台标签栏长度，或者按下左右箭头查找所需的工作台。

特殊说明：工作台标签栏的长度有最大限制。

（5）调整缩放比例

操作：拖动比例尺上面的滑块，或者使用快捷键（Ctrl+鼠标滚轮）可以快速调整工作台缩放比例。

特殊说明：每个工作台都有专属的比例尺，对比例尺的调整只会影响当前工作台。

（6）视角的快速切换

在比例尺伸展状态下，拖动工作台缩略图上的矩形框可以快速切换视角，如图 2-35 所示。

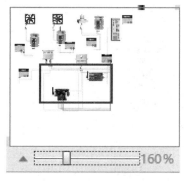

图 2-34　工作台的重命名　　　　　　图 2-35　快速切换视角

3．连线操作

（1）新建连线

单击设备的接线点，拖动到另一个设备的接线点，松开鼠标即可新建一条连线，如图 2-36 所示。

（2）连线编辑

选中连线进入编辑状态，此时连线为红色，在顶层显示，两端会显示两个滑块。拖动滑块可以修改连线，右击弹出编辑框，如图 2-37 所示。

（3）连线验证

操作：连线验证属于开关型功能，既可以实时连线验证，也可以按需验证。单击设计区中的"连线验证（已关闭）"按钮，显示"连线验证（已开启）"，再次单击，连线验证关闭。

特殊说明：连线验证主要验证两个方面，一个是连线的正确性，另一个是设备的供电状态。

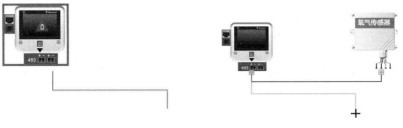

图 2-36 新建连线   图 2-37 连线的编辑

4. 仿真包文件操作

仿真包文件默认保存格式为.N2V，默认图标为 ，仿真包文件和应用程序存在关联。仿真包为二进制文件，修改其中的内容将导致仿真包文件损坏。

（1）创建仿真包文件

操作：单击工具栏中的"创建"按钮，即可创建新的工作台。

特殊说明：不管选中的工作台是否存在本地存储，生成仿真包文件都会新建一个工作台，并将工作台的本地存储指向新建的文件。

（2）保存仿真包文件

操作：单击工具栏中的"保存"按钮，即可保存当前的更改。

特殊说明：当选中的工作台不存在本地存储时，功能的实现会跳转到仿真包文件生成。

（3）打开仿真包文件

操作：单击工具栏中的"打开"按钮，弹出打开界面；或者直接双击仿真包文件打开。

特殊说明：当要打开的程序存在时，会新建一个工作台并加载仿真包文件；当要打开的程序不存在时，会自动开启程序，并加载仿真包文件。

5. 模拟实验

（1）设备属性

操作：部分设备开放属性设置功能，双击设备即可打开属性设置界面，单击"保存"按钮可更新属性值，退出或取消则不保存更改。设备的属性设置界面如图 2-38 所示。

（2）模拟实验操作

操作：单击设计区中"连线验证（已开启）"按钮，表示功能已打开，当显示"连线验证（已关闭）"时表示功能已关闭。

特殊说明：当要进行模拟数据验证时，程序会检测连线验证是否开启。如果没有开启，会自动开启连线验证功能。当验证结果正确时，才可以进行模拟数据验证，否则会弹出提示框。

图 2-38 设备的属性设置界面

模块三　物联网智慧系统实践操作模块

项目3　智慧物流仓储管理系统设计与调试

项目学习目标

在项目3中，将完成智慧物流仓储管理系统的设计与调试，要达成的学习目标如表 3-1 所示。

表 3-1　学习目标

目标类型	序号	学习目标
知识目标	K1	能说出智慧物流仓储管理系统各设备名称和作用
	K2	能复述智慧物流仓储管理系统各设备端口配置情况
	K3	能复述智慧物流仓储管理系统各设备信号传输方式
能力目标	S1	能分析智慧物流仓储管理系统的功能目标
	S2	能进行智慧物流仓储管理系统方案设计并画出方案拓扑图
	S3	能画出智慧物流仓储管理系统设备组成图
	S4	能识读智慧物流仓储管理系统设备连线图
	S5	能辨识和区分智慧物流仓储管理系统各设备
	S6	能正确组装智慧物流仓储管理系统实物电路
	S7	能正确配置智慧物流仓储管理系统设计环境
	S8	能正确使用和配置智慧物流仓储管理系统网关
	S9	能正确配置智慧物流仓储管理系统无线传感网
	S10	能正确配置智慧物流仓储管理系统有线传感网
	S11	能正确配置智慧物流仓储管理系统云平台
	S12	能正确使用和配置智慧物流仓储管理系统 PC 端
	S13	能正确使用和配置智慧物流仓储管理系统安卓端
	S14	能检测和确定智慧物流仓储管理系统故障并排除故障
素质目标	Q1	能按 6S 规范进行实训台整理
	Q2	能按规范标准进行系统和设备操作
	Q3	能按要求做好任务记录和填写任务单
	Q4	能按时按要求完成学习任务
	Q5	能与小组成员协作完成学习任务
	Q6	能结合评价表进行个人学习目标达成情况评价和反思

目标类型	序号	学习目标
素质目标	Q7	能积极参与课堂教学活动
	Q8	能积极主动进行课前预习和课后拓展练习

3.1 项目任务

3.1.1 项目情境分析

物流仓储管理系统是建设现代化、信息化的智能物流仓储的重要组成部分。物流仓储存储物品多，所以既要保证物品的安全，也要方便物品的出入库管理。本项目运用物联网技术、自动控制技术、计算机网络和通信技术，设计实现智慧物流仓储管理系统。

本项目给定智慧物流仓储管理系统的功能目标，请结合物联网实训平台，完成智慧物流仓储管理系统的设计、组装和调试，实现系统功能。

3.1.2 项目设计目标

结合实际物流仓储管理应用需求和物联网实训平台，智慧物流仓储管理系统的具体功能目标为：环境监测、物品识别及出入库管理、员工考勤管理。

智慧物流仓储管理系统的功能目标如表 3-2 所示。

表 3-2 智慧物流仓储管理系统的功能目标

序号		功能目标
1	整体目标	实现由传感器、采集器、网关、云平台、PC、移动工控终端组成的智慧物流仓储管理系统（硬件+软件）
2		使用传感器采集设备数据，并传输到网关、云平台
3		在网关和云平台实现系统自动控制功能
4	环境监测	实现智慧物流仓储管理系统环境监测功能
5		在网关端实现仓储环境数据监测
6		在 PC 端、移动工控终端获取云平台数据，实现仓储环境远程监控功能
7	物品识别及出入库管理	实现物品智能标识功能
8		实现物品自动识别及出入库管理功能
9		实现物品查询功能
10	员工考勤管理	实现员工身份智能标识功能
11		实现员工考勤功能

依托智慧物流仓储管理系统，集成行业中常见的各种典型传感器，以及执行器，通过对传感器的接线、安装配置、业务应用等方面的实操训练，促进物联网设备安装、调试方法与技能的提升。引入大数据中的云平台，可以通过云平台采集传感器数据和控制器件，进一步扩展系统功能。

3.1.3 项目设计任务单

请按项目实施步骤完成本项目的学习，按要求填写表 3-3 中各项内容。

表 3-3　智慧物流仓储管理系统设计任务单

智慧物流仓储管理系统设计任务单			
小组序号和名称		组内角色	
小组成员	硬件工程师（HE）		
	软件工程师（RE）		
	调试工程师（DE）		
任务准备			
1. PC		4. IoT 系统软件包	
2. IoT 实训台		5. IoT 系统工具包	
3. IoT 系统设备箱		6. 加入在线班级	
任务实施			
智慧物流仓储管理系统设计方案			
智慧物流仓储管理系统硬件设备组成			
智慧物流仓储管理系统设备连线图			
智慧物流仓储管理系统组装步骤			
智慧物流仓储管理系统调试项目			
智慧物流仓储管理系统设计与调试过程中遇到的故障记录			
故障现象		解决方法	
总结系统设计过程中的注意事项和建议			
目标达成情况	知识目标	能力目标	素质目标
综合评价结果			

3.2　项目实施

结合功能目标，将项目实施流程分成 8 个子任务，如表 3-4 所示。

表 3-4 智慧物流仓储管理系统子任务列表

项目实施流程	任务编号	任务名称
系统方案设计	3.2.1	智慧物流仓储管理系统方案设计
系统设备组装	3.2.2	智慧物流仓储管理系统设备组装
系统环境配置与调试	3.2.3	智慧物流仓储管理系统环境配置与调试
无线传感网配置与调试	3.2.4	智慧物流仓储管理系统无线传感网配置与调试
有线传感网配置与调试	3.2.5	智慧物流仓储管理系统有线传感网配置与调试
云平台配置与调试	3.2.6	智慧物流仓储管理系统云平台配置与调试
PC 端配置与调试	3.2.7	智慧物流仓储管理系统 PC 端配置与调试
安卓端配置与调试	3.2.8	智慧物流仓储管理系统安卓端配置与调试

3.2.1 智慧物流仓储管理系统方案设计

一、任务目标

（一）任务描述

在智慧物流仓储管理系统中，为实现实时的远程智能化、自动化监控，通常采用 ZigBee 无线传感网进行传感器数据采集和执行器的控制。

（二）学习目标

在本任务的学习过程中，将完成智慧物流仓储管理系统方案设计，要达成的学习目标如表 3-5 所示。

表 3-5 学习目标

目标类型	序号	学习目标
知识目标	K1	能简述物联网实训平台各设备名称和作用
	K2	能复述智慧物流仓储管理系统功能目标
	K3	能复述智慧物流仓储管理系统设备连接情况
能力目标	S1	能识别和分析物联网实训平台各设备功能
	S2	能结合智慧物流仓储管理系统功能需求进行功能目标分析
	S3	能按智慧物流仓储管理系统功能目标进行方案分析和设计
	S4	能依据智慧物流仓储管理系统设计方案选择系统设备
	S5	能依据各设备端口配置情况设计系统电路
素质目标	Q1	能按 6S 规范进行实训台整理
	Q2	能按要求做好任务记录和填写任务单
	Q3	能按时按要求完成学习任务
	Q4	能与小组成员协作完成学习任务
	Q5	能结合评价表进行个人学习目标达成情况评价和反思
	Q6	能积极参与课堂教学活动
	Q7	能积极主动进行课前预习和课后拓展练习

（三）任务单

请按任务实施步骤完成学习任务，填写表 3-6 中各项内容。

表 3-6　智慧物流仓储管理系统设计任务单

智慧物流仓储管理系统设计任务单				
小组序号和名称			组内角色	
小组成员				
任务准备				
1. PC		4. IoT 系统软件包		
2. IoT 实训台		5. IoT 系统工具包		
3. IoT 系统设备箱		6. 加入在线班级		
任务实施				
智慧物流仓储管理系统方案设计	1. 能结合智慧物流仓储管理系统功能需求进行功能目标分析 2. 能按智慧物流仓储管理系统功能目标进行方案分析和设计 3. 能依据智慧物流仓储管理系统设计方案选择设备 4. 能依据各设备端口配置情况设计系统电路			
智慧物流仓储管理系统设备组成				
智慧物流仓储管理系统设备连线图				
总结系统方案设计过程中的注意事项和建议				
目标达成情况	知识目标		能力目标	素质目标
综合评价结果				

二、任务实施

请按照如下流程完成当前学习任务。

（一）资讯

🔊 **小提示**：在智慧物流仓储管理系统中，可运用多个 ZigBee 传感器和执行器进行火焰、可燃气体、温湿度、光照、人体、继电器等的监测和控制，实现环境和安防监控。所有的 ZigBee 设备都可以与网关直接进行无线组网和通信。在该学习任务中，需要完成 ZigBee 传感器和执行器两种设备与网关的组网方案设计，最终实现 ZigBee 传感器和执行器与网关的无线数据传输与控制。

（二）计划、决策

引导问题：仓储中需要存储大量物品，如何实现以更安全、有效、便捷、智能的方式进行物流仓储管理呢？请结合实际应用需求思考系统功能目标和适用技术，并填入表 3-7 中。

表 3-7　智慧物流仓储管理系统功能目标计划任务单

功能目标计划任务单		
序号	功能目标	适用技术
1	举例：环境监控	举例：温湿度传感器、光照传感器
2		
3		
4		
5		

1. 物联网实训平台设备分析

🔊 **小提示**：在物联网实训平台中，可根据应用需求进行多种物联网智慧应用系统设计，平台提供多种传感器、执行器、数据传输和数据监控设备，物联网实训平台设备清单（部分）如表 3-8 所示。

物联网实训平台
设备清单

表 3-8　物联网实训平台设备清单（部分）

物联网实训平台设备清单（部分）					
序号	设备名称	序号	设备名称	序号	设备名称
1	PC	16	ZigBee 空气质量传感器	30	超高频 UHF 阅读器
2	移动工控终端（PAD）	17	ZigBee 温湿度传感器	31	超高频 UHF 电子标签
3	物联网智能网关	18	ZigBee 光照传感器	32	低频读卡器
4	路由器	19	ZigBee 人体红外传感器	33	低频射频卡
5	有线温湿度传感器	20	红外对射传感器	34	高频读卡器
6	有线烟雾传感器	21	ZigBee 协调器	35	高频射频卡
7	有线光照传感器	22	单联继电器	36	条码扫描枪
8	有线人体红外传感器	23	双联继电器	37	条码打印机
9	ZigBee 火焰传感器	24	ZigBee 继电器	38	风扇
10	ZigBee 烟雾传感器	25	ZigBee 四通道模拟量采集器	39	LED 灯
11	ZigBee 风速/风向传感器	26	ADAM-4150 数字量采集器	40	LED 报警灯
12	ZigBee CO_2 传感器	27	ADAM-4017 模拟量采集器	41	摄像头
13	ZigBee PM2.5 传感器	28	串口服务器	42	雾化器（加湿器）
14	ZigBee 微波传感器	29	RS-485 转换器		
15	ZigBee 可燃气体传感器				

🔊 **小提示**：物联网实训平台中的传感器和执行器如表 3-9 所示，其他设备如表 3-10 所示。

表 3-9　物联网实训平台中的传感器和执行器

序号	设备名称	设备图片	设备功能	序号	设备名称	设备图片	设备功能
1	可燃气体传感器		检测可燃气体浓度（与 ZigBee 模块底板配套使用）	13	PM2.5 传感器		检测 PM2.5 浓度（与 ZigBee 模块底板配套使用）
2	光照传感器		检测环境光照情况（与 ZigBee 模块底板配套使用）	14	有线人体红外传感器		检测人体发出的红外辐射
3	温湿度传感器		检测环境温湿度（与 ZigBee 模块底板配套使用）	15	有线光照传感器		检测环境光照情况
4	空气质量传感器		检测空气质量，如 CO/甲醛等的浓度（与 ZigBee 模块底板配套使用）	16	有线温湿度传感器		检测环境温湿度
5	人体红外传感器		检测人体发出的红外辐射（与 ZigBee 模块底板配套使用）	17	双联继电器		电子开关（+控制信号）
6	火焰传感器		检测是否发生了火灾（与 ZigBee 模块底板配套使用）	18	执行器		电子开关（与 ZigBee 模块底板配套使用）
7	风速传感器		测量风速（与 ZigBee 模块底板配套使用）	19	风扇		通风降温
8	风向传感器		测量风向（与 ZigBee 模块底板配套使用）	20	LED 灯座		与 LED 灯泡配套使用
9	CO_2 传感器		检测 CO_2 浓度（与 ZigBee 模块底板配套使用）	21	LED 灯泡		照明
10	有线烟雾传感器		检测是否有烟雾	22	LED 报警灯		报警
11	微波传感器		检测有无人体活动（与 ZigBee 模块底板配套使用）	23	雾化器		给空气加湿
12	红外对射传感器		检测是否有外来物侵入红外对射的区域				

表 3-10 其他设备

序号	设备名称	设备图片	设备功能	序号	设备名称	设备图片	设备功能
1	PC		本地 PC 终端、服务器	11	超高频 UHF 阅读器		识别和读取超高频 UHF 电子标签信息
2	移动工控终端（PAD）		移动终端	12	超高频 UHF 电子标签		标识物品
3	物联网智能网关		网间协议转换器	13	低频读卡器		识别和读取低频射频卡信息
4	路由器		网络互联	14	低频射频卡		标识人和物
5	移动 ZigBee 底板		移动节点底板	15	高频读卡器		识别和读取高频射频卡信息
6	移动 ZigBee 底板外接电源		移动节点底板	16	高频射频卡		标识人和物
7	ADAM-4150 数字量采集器		数字量输入/输出模块	17	条码扫描枪		识读条码
8	ADAM-4017 模拟量采集器		模拟电压/电流信号采集模块	18	条码打印机		打印商品条码
9	串口服务器		用于串口与网络设备的转换	19	RS-485 转换器		将 RS-232 信号转换为 RS-485 信号
10	ZigBee 四通道模拟量采集器		4 个 I 口的模拟量采集模块	20	摄像头		拍摄监控区域画面

2. 智慧物流仓储管理系统功能目标分析

引导问题：请结合智慧物流仓储管理系统的功能目标，思考运用什么技术和设备可以实现，有哪些智能控制策略，填写在表 3-11 中。

表 3-11　功能目标分析

功能目标分析			
序号		功能目标	设计方案
1	整体目标	实现由传感器、采集器、网关、云平台、PC、移动工控终端组成的智慧物流仓储管理系统	
2		使用传感器采集设备数据，并传输到网关、云平台	
3		在网关和云平台实现系统自动控制功能	
4	环境监测	实现智慧物流仓储管理系统环境监测功能	
5		在网关端实现仓储环境数据监测	
6		在 PC 端、移动工控终端获取云平台数据，实现仓储环境远程监控功能	
7	物品识别及出入库管理	实现物品智能标识功能	
8		实现物品自动识别及出入库管理功能	
9		实现物品查询功能	
10	员工考勤管理	实现员工身份智能标识功能	
11		实现员工考勤功能	

（三）实施

1. 智慧物流仓储管理系统方案设计

根据智慧物流仓储管理系统的功能目标，结合物联网实训平台设备资源和条件，分析各功能的实现方法，确定智慧物流仓储管理系统的功能实现平面图，如图 3-1 所示。

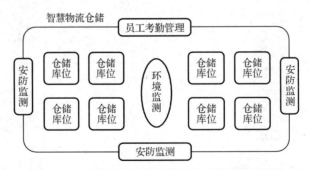

图 3-1　智慧物流仓储管理系统的功能实现平面图

（1）智慧物流仓储管理系统环境监测

引导问题：如何保障仓储物品存放的质量和安全呢？请结合实际应用需求思考可行的设计方案，并思考可以运用哪些可行性技术及设备实现功能目标，填写在表 3-12 中。

表 3-12　智慧物流仓储管理系统环境监测功能目标计划任务单

智慧物流仓储管理系统环境监测功能目标计划任务单		
序号	功能目标	运用技术/设备
1		
2		
3		
4		
5		

🔊 **小提示**：环境监测主要指采集物流仓储公共区域的环境数据及安防数据，从而保障物品质量和安全，根据系统功能需求，主要进行仓储温度、湿度和光照强度的监测。安防监测主要关注有人体非法进入仓储、仓储火灾或可燃气体情况。当检测到仓储光照强度值低于设定的光照强度临界值，公共区域的照明灯会自动/手动开启，如果高于设定值，照明灯会自动/手动关闭；当检测到环境湿度过高，会自动或手动开启风扇除湿；当检测到环境温度过高时，会自动/手动开启风扇降温；当检测到有人体非法进入仓储或发生火灾时，进行实时报警提醒。环境监测功能设计方案如图 3-2 所示。

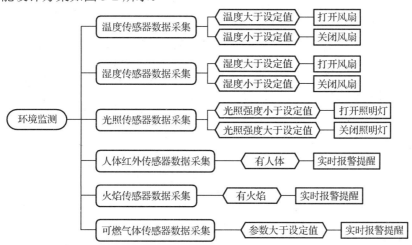

图 3-2　环境监测功能设计方案

请根据功能需求和设计方案，在表 3-13 中列出需要使用的传感器和执行器。

表 3-13　设备选择任务单

设备选择任务单			
序号	传感器	序号	执行器
1		1	
2		2	
3		3	
4		4	
5		5	
6		6	

（2）智慧物流仓储管理系统员工考勤管理

引导问题：如何进行员工身份识别和考勤管理呢？请结合实际应用需求思考可行的设计方案，思考可以运用哪些可行性技术及设备实现功能目标，填写在表 3-14 中。

表 3-14　员工考勤管理功能目标计划任务单

员工考勤管理功能目标计划任务单		
序号	功能目标	运用技术/设备
1		
2		
3		
4		
5		

小提示：员工考勤管理功能主要需要实现员工身份标识和识别、上下班考勤及门禁管理。员工身份的标识可以使用 RFID 技术来实现，可以选择低频射频卡或钥匙扣；还可使用相应工作频段的低频读卡器来读取标识员工身份的低频射频卡或钥匙扣。对于非法卡给出打卡失败提示；对于员工卡则可以实时显示上下班考勤记录。员工考勤管理功能设计方案如图 3-3 所示。

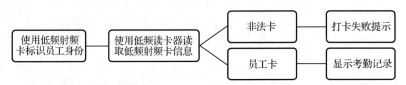

图 3-3　员工考勤管理功能设计方案

请根据功能需求和方案设计，在设备选择任务单中列出需要的设备清单，填写在表 3-15 中。

表 3-15　设备选择任务单

设备选择任务单			
序号	设备名称	序号	设备名称
1		6	
2		7	
3		8	
4		9	
5		10	

（3）智慧物流仓储管理系统物品识别及出入库管理

引导问题：仓储中需要存储大量物品，如何快速、便捷地识别物品并实时掌握物品的存放位置、库存情况呢？请结合实际应用需求思考可行的设计方案，思考可以运用哪些可行性技术及设备实现功能目标，填写在表 3-16 中。

表 3-16　物品识别及出入库管理功能目标计划任务单

物品识别及出入库管理功能目标计划任务单		
序号	功能目标	运用技术/设备
1		
2		
3		
4		
5		

　　小提示：仓储中大量的物品，可以先运用 RFID 技术进行快速、有效的识别和区分，给每个物品绑定一个超高频 UHF 电子标签，物品便有唯一的身份标识，再使用相应超高频 UHF 阅读器，自动快速识别和读取标签信息，进行物品的识别和区分。运用 RFID 技术，可以方便、快捷地进行物品的入库和出库统计，从而实现库存情况的实时监控和管理；在将物品入库时，可以设定将物品存放到指定库位，解决了物品查找困难的问题，可以方便、快捷地查找物品。物品识别及出入库管理功能设计方案如图 3-4 所示。

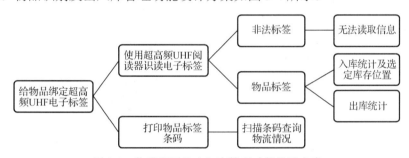

图 3-4　物品识别及出入库管理功能设计方案

　　请根据功能需求在设备选择任务单中列出需要的设备清单，填写在表 3-17 中。

表 3-17　设备选择任务单

设备选择任务单			
序号	设备名称	序号	设备名称
1		6	
2		7	
3		8	
4		9	
5		10	

　　（4）智慧物流仓储管理系统功能设计方案和控制策略

　　小提示：结合以上分析和设计，梳理和总结智慧物流仓储管理系统功能设计方案和控制策略，列出项目方案计划任务单（见表 3-18）。也可以这个方案为基础，进行系统拓展功能设计。

表 3-18 项目方案计划任务单

序号	智慧物流仓储管理系统功能目标		设计方案
项目方案计划任务单			
1	整体目标	实现由传感器、采集器、网关、云平台、PC、移动工控终端组成的智慧物流仓储管理系统	采集器和执行器直接与网关相连，运用路由器创建局域网，将网关、云平台、PC、移动工控终端组成局域网实现数据互传
2		使用传感器采集设备数据，并传输到网关、云平台	运用有线传感器节点（ZigBee 四通道模拟量采集器和 ADAM-4150 数字量采集器）和无线 ZigBee 节点采集数据并上传至网关，网关通过局域网将数据上传到云平台
3		在网关和云平台实现系统自动控制功能	通过局域网实现网关与云平台间的数据互传，运用网关进行有线和无线 ZigBee 继电器控制，从而控制执行器动作
4	环境监测	实现智慧物流仓储管理系统环境监测功能	运用温湿度、光照、人体红外、火焰、烟雾等传感器监测环境，当各传感器数据超过设定值时控制相应执行器动作
5		在网关端实现仓储环境数据监测	所有传感器、执行器通过有线和无线方式连接到网关，实现数据的互传
6		在 PC 端、移动工控终端获取云平台数据，实现仓储环境远程监控功能	将网关数据通过局域网上传至云平台，PC 端、移动工控终端通过局域网获取云平台数据，从而实现系统的远程监控
7	物品识别及出入库管理	实现物品智能标识功能	运用超高频 UHF 电子标签标识物品
8		实现物品自动识别及出入库管理功能	运用超高频 UHF 阅读器自动识别物品电子标签并实现智能出入库
9		实现物品查询功能	运用条码扫描枪实现物品条码识别并查询物品相关信息
10	员工考勤管理	实现员工身份智能标识功能	运用低频射频卡标识员工身份
11		实现员工考勤功能	运用低频读卡器实现员工身份自动识别并进行上下班考勤管理

2. 智慧物流仓储管理系统电路设计

（1）智慧物流仓储管理系统设备选择

引导问题：请结合智慧物流仓储管理系统设计方案及物联网实训平台实际情况，思考如何选择传感器、执行器及其他设备，填写在表 3-19 中。

表 3-19 智慧物流仓储管理系统设备选择任务单

序号	设备名称	选择（√/×）	序号	设备名称	选择（√/×）
智慧物流仓储管理系统设备选择任务单					
1	PC		20	ADAM-4017 模拟量采集器	
2	移动工控终端（PAD）		21	串口服务器	
3	物联网智能网关		22	ZigBee 四通道模拟量采集器	
4	路由器		23	ADAM-4150 数字量采集器	

续表

序号	设备名称	选择（√/×）	序号	设备名称	选择（√/×）
			智慧物流仓储管理系统设备选择任务单		
5	温度传感器		24	ZigBee 协调器	
6	湿度传感器		25	超高频 UHF 阅读器	
7	光照传感器		26	超高频 UHF 电子标签	
8	人体红外传感器		27	条码打印机	
9	火焰传感器		28	条码扫描枪	
10	可燃气体传感器		29	低频射频卡	
11	空气质量传感器		30	低频读卡器	
12	ZigBee 智能节点盒		31	高频读卡器	
13	风速传感器		32	高频射频卡	
14	CO_2 传感器		33	LED 报警灯	
15	PM2.5 传感器		34	摄像头	
16	微波传感器		35	风扇	
17	红外对射传感器		36	LED 灯	
18	双联继电器		37	雾化器	
19	单联继电器				

（2）智慧物流仓储管理系统设备连线图

引导问题：请结合智慧物流仓储管理系统设计方案及物联网实训平台各设备的特性和端口设置情况，思考如何进行设备连接。

小提示：系统中应用的物联网智能网关是 NEWLAND 网关，是网间连接器、协议转换器。NEWLAND 网关可接收和处理的通信协议有 ZigBee、WiFi、TCP/IP、Modbus、GSM。

ADAM-4150 数字量采集器是开关量/数字量 I/O 模块，有数字信号的输入（DI）和输出（DO）通道，支持的数据类型是 Modbus 数字量，硬件端口设置有 RS-485、USB、网口。

ZigBee 四通道模拟量采集器是用于采集 0～5V 电压信号、4～20mA 电流信号的智能采集模块。系统中提供的 ZigBee 四通道模拟量采集器以 ZigBee 模块为底板，有 4 个输入通道，信号以有线方式输入，以 ZigBee 协议输出。

根据各设备特性，结合功能实现需求，智慧物流仓储管理系统中各设备的硬件连接及信号传输如图 3-5 所示（图中实线表示有线信号传输，虚线表示无线信号传输）。

（3）系统设备分类图

小提示：依据智慧物流仓储管理系统功能设计方案，结合物联网实训平台实际情况，除选择传感器和执行器外，运用网关采集所有传感器数据并进行执行器控制，再将网关数据上传至云平台，云平台的数据可以通过 PC 端和安卓端进行访问和智能应用，设备分类如图 3-6 所示。

（四）检查、评估

请结合任务实施情况，进行任务检查互评，将评价情况填写在表 3-20 中。

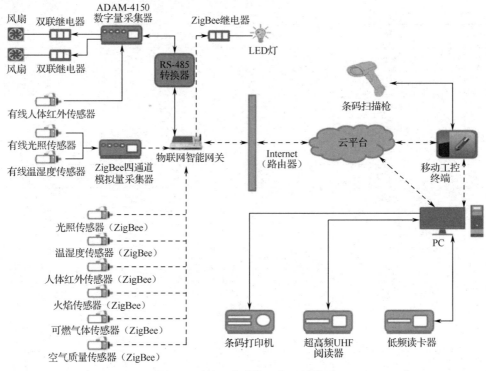

图 3-5　系统硬件连接及信号传输图

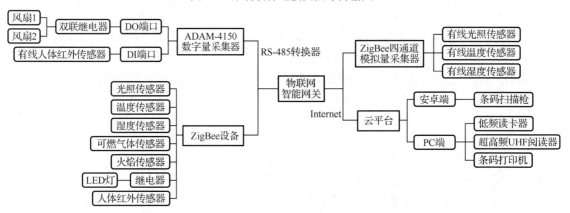

图 3-6　设备分类

表 3-20　任务实施情况互查表

任务实施情况互查表			
学习任务名称			
小组		姓名	
序号	任务完成目标		目标达成情况
1	能按时按要求完成任务实施	A：按时全部完成	
		B：未按时完成	
2	能按时按要求完成任务实施部分的任务单	A：完整且正确	
		B：不完整	
3	能识别和分析物联网实训平台各设备功能	A：完整且正确	
		B：不完整	

续表

序号	任务完成目标		目标达成情况
4	能结合智慧物流仓储管理系统功能需求进行功能目标分析	A：全部实现	
		B：部分实现	
5	能按智慧物流仓储管理系统功能目标进行方案分析和设计	A：全部实现	
		B：部分实现	
6	能依据智慧物流仓储管理系统设计方案选择系统设备	A：全部实现	
		B：部分实现	
7	能依据各设备端口配置情况设计系统电路	A：全部实现	
		B：部分实现	
评价人			

（五）任务优化

请结合任务评价情况进行任务优化，并将优化信息填写在表 3-21 中。

表 3-21　优化情况记录表

优化情况记录表			
序号	优化点	优化原因	优化方法

（六）整理设备工具和实训台

请对照设备清点整理检查单，检查和记录出现的问题，如表 3-22 所示。

表 3-22　设备清点整理检查单

设备清点整理检查单							
序号	设备名称	数量	检查记录	序号	设备名称	数量	检查记录
1	移动工控终端	1		17	ZigBee 四通道模拟量采集器	1	
2	有线温湿度传感器	1		18	ADAM-4150 数字量采集器	1	
3	有线光照传感器	1		19	条码打印机	1	
4	有线人体红外传感器	1		20	超高频 UHF 阅读器	1	
5	光照传感器	1		21	低频读卡器	1	
6	温湿度传感器	1		22	条码扫描枪	1	
7	人体红外传感器	1		23	USB 转串口线	1	
8	可燃气体传感器	1		24	USB 数据线	4	
9	空气质量传感器	1		25	ZigBee 智能节点盒充电器	1	
10	火焰传感器	1		26	低频射频卡	3	
11	单联继电器	1		27	超高频 UHF 电子标签	3	
12	双联继电器	4		28	ZigBee 烧写器及数据线	1	

续表

序号	设备名称	数量	检查记录	序号	设备名称	数量	检查记录
13	风扇	1		29	钥匙扣	2	
14	LED 灯（灯泡+灯座）	1		30	IoT 工具箱	2	
15	ZigBee 智能节点盒	1		31	网线	2	
16	物联网智能网关	1		32	各设备配套电源线和数据线		
缺损记录							
计算机和平板电源是否关闭							
实训台电源是否关闭							
ZigBee 模块电源是否关闭							
实训台桌面是否整理清洁							
工具箱是否已经整理归位							

设备清点整理检查单

三、任务学习评价反馈

请结合学习任务完成情况及学习评价标准参考表（见表 3-23）进行自评、互评、师评和综合评价，评价情况填入表 3-24 中，并将综合评价结果填到表 3-6 中。其中，各评价结果的权重分别是：自评占 20%、互评占 20%、师评占 60%，即综合评价=自评×20%+互评×20%+师评×60%。任务学习的评价全面考虑项目学习中知识、能力、素质全方位的达成情况。

表 3-23 学习评价标准参考表

目标类型	序号	评价指标	评价标准	分数	评价标准	分数	评价标准	分数
知识目标	K1	能简述物联网实训平台各设备名称和作用	正确完整	8	部分正确	3	不能	0
	K2	能复述智慧物流仓储管理系统功能目标	正确完整	8	部分正确	3	不能	0
	K3	能复述智慧物流仓储管理系统设备连接情况	正确完整	8	部分正确	3	不能	0
能力目标	S1	能识别和分析物联网实训平台各设备功能	正确完整	8	部分正确	3	不能	0
	S2	能结合智慧物流仓储管理系统功能需求进行功能目标分析	正确完整	8	部分正确	3	不能	0
	S3	能按智慧物流仓储管理系统功能目标进行方案分析和设计	正确完整	8	部分正确	3	不能	0
	S4	能依据智慧物流仓储管理系统设计方案选择系统设备	正确完整	8	部分正确	3	不能	0
	S5	能依据各设备端口配置情况设计系统电路	正确完整	8	部分正确	3	不能	0
素质目标	Q1	能按 6S 规范进行实训台整理	规范	5	不规范	2	未做	0
	Q2	能按要求做好任务记录和填写任务单	完整	5	不完整	2	未做	0

学习评价标准参考表

目标类型	序号	评价指标	评价标准	分数	评价标准	分数	评价标准	分数
			学习评价标准参考表					
素质目标	Q3	能按时按要求完成学习任务	按时完成	5	补做	2	未做	0
	Q4	能与小组成员协作完成学习任务	充分参与	5	不参与	0		
	Q5	能结合评价表进行个人学习目标达成情况评价和反思	充分参与	5	不参与	0		
	Q6	能积极参与课堂教学活动	充分参与	5	不参与	0		
	Q7	能积极主动进行课前预习和课后拓展练习	进行	6	未进行	0		

表 3-24　任务学习目标达成评价表

目标类型	序号	具体目标	分数	自评	互评	师评	综合评价
		任务学习目标达成评价表					
知识目标	K1	能简述物联网实训平台各设备名称和作用	8				
	K2	能复述智慧物流仓储管理系统功能目标	8				
	K3	能复述智慧物流仓储管理系统设备连接情况	8				
能力目标	S1	能识别和分析物联网实训平台各设备功能	8				
	S2	能结合智慧物流仓储管理系统功能需求进行功能目标分析	8				
	S3	能按智慧物流仓储管理系统功能目标进行方案分析和设计	8				
	S4	能依据智慧物流仓储管理系统设计方案选择系统设备	8				
	S5	能依据各设备端口配置情况设计系统电路	8				
素质目标	Q1	能按 6S 规范进行实训台整理	5				
	Q2	能按要求做好任务记录和填写任务单	5				
	Q3	能按时按要求完成学习任务	5				
	Q4	能与小组成员协作完成学习任务	5				
	Q5	能结合评价表进行个人学习目标达成情况评价和反思	5				
	Q6	能积极参与课堂教学活动	5				
	Q7	能积极主动进行课前预习和课后拓展练习	6				
项目总评							
评价人							

四、任务学习总结与反思

请结合任务的学习情况，进行学习反思和总结，写出在知识、能力、素质三个方面的学习事实、学习收获、存在问题及未来计划努力方向，填写在表 3-25 中。

表 3-25　4F 反思总结表

4F 反思总结表			
	知识	能力	素质
Facts 事实（学习）			
Feelings 感受（收获）			
Finds 发现（问题）			
Future 未来（计划）			

五、任务学习拓展练习

以下是 2017 年全国职业院校技能大赛高职组"物联网技术应用"赛项中的赛题部分要求，请结合本节的学习内容及实训平台设备条件自行进行拓展练习。

任务要求：

某市少年宫需要将部分建筑进行基于物联网的技术改造，在 2017 年底开展一次"物联网走进生活"的科技体验活动，让青少年体验物联网技术所带来的便捷。该活动需由物联网技术雄厚的团队来承担，少年宫决策层将采用招投标方式来确定承接该项目的团队。招标涉及的内容如下。

（1）根据少年宫场地的实际情况、已有物联网产品情况，补充完善项目的工程设计方案。

（2）根据工程设计方案要求对少年宫进行部署、施工。

（3）开发一套基于物联网技术的综合智慧系统，包含少年宫停车子系统、物联网科技体验子系统、智慧购物子系统等。

（4）设计若干个现场物联网知识抢答、现场物联网科技实现等创意活动。

（5）对系统进行联调、测试，保证活动正常进行。

现在，你的参赛团队将模拟某公司参与投标，并要求你的团队在最短时间内完成该项目的设计，实现招标方所需的系统功能要求，以便投标时能够现场演示。投标时现场演示的硬件设备为"基于 NLE-JS2000（2016 版）物联网工程应用实训系统"。

少年宫建筑主体是两幢多层的楼房建筑和一个停车场。两幢大楼分别是位于少年宫东侧的综合大楼（右工位）、西侧的科技体验大楼（左工位），停车场是一个两层的地下停车场（桌面工位），两幢大楼相距仅 30 米，两幢大楼楼层的高度为 4 米。现要将 2014 年刚刚装修完毕的综合大楼，第一层改为对外开放的商超购物区，第二层改造为少年宫网络中心，第三层改造为综合办公区；科技体验大楼为 20 世纪 80 年代所建，少年宫决策层决定利用这次机会进行重新装修布线，将科技体验大楼一至四层分别改造为科技宣传栏大厅、科技体验大厅、体验大楼设备监控室、影院播放厅；少年宫的地下一层停车场设有车辆出入口，地下二层停车场需监测其通风系统的工作状况。为了尽快完成少年宫的物联网技术改造，少年宫决策层对外公布了技术改造方案，具体要求如下。

（1）商超购物区实现客户自动购物结算，购物区内有摄像头监控，防止客户不文明行为的发生。

（2）少年宫网络中心，用于部署少年宫 WiFi 设备、数据采集主控器。

（3）综合办公区，应部署光照自动控制灯光系统、温湿度监测系统。

（4）科技宣传栏大厅，实现用户凭条码自动进入，LED 屏幕滚动播放相关信息。

（5）科技体验大厅，可以让青少年进行"灯光自动控制系统""温湿度自动控制系统"的体验。

（6）体验大楼设备监控室，实现"数据采集""继电器控制输出""数据通信总线转换""LED 屏 ZigBee 控制模块"等功能。

（7）影院播放厅，实现对影院内的消防监测、二氧化碳监测等功能。

（8）地下一层停车场的出入口，当有车辆出入时，道闸自动开启。

（9）地下二层停车场，应设自动通风系统，监测其空气质量。

（10）少年宫的安保人员要定期对少年宫相关区域进行巡逻。

六、任务学习相关知识点

（一）网关端口设置

网关又称网间连接器、协议转换器。物联网网关可以实现感知网络与通信网络，以及不同类型感知网络之间的协议转换，既可以实现广域互联，也可以实现局域互联。此外物联网网关还需要具备设备管理功能，用户通过物联网网关可以管理底层的各感知节点，了解各节点的实时信息，并实现远程控制。

物联网实训平台中采用的是 NEWLAND 网关（见图 3-7）。NEWLAND 网关集成了有线网络、WiFi、ZigBee 无线传感器、RS-485 等数据传输协议和接口。NEWLAND 网关的端口设置情况如表 3-26 所示。

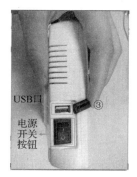

图 3-7 NEWLAND 网关

表 3-26 NEWLAND 网关的端口设置情况

NEWLAND 网关端口设置			
端口	具体功能	端口	具体功能
① I/O I～VI	输入/输出端口 1～6	④ RF 2.4	ZigBee 信号端口
② 网口	网口	⑤ W/C/G	WiFi/移动通信
③ USB 口	USB 口	⑥ 电源	电源（DC 5V，2A）

（二）ADAM-4150 数字量采集器端口设置

ADAM-4150 数字量采集器端口设置情况如表 3-27 所示。

表 3-27　ADAM-4150 数字量采集器端口设置情况

ADAM-4150 数字量采集器端口设置			
端口	具体功能	端口	具体功能
DI0～DI6	输入端口	（G）DATA-	485-
DO0～DO7	输出端口	（R）+Vs	电源端（DC 24V）
（Y）DATA+	485+	（B）-GND	电源地

（三）ZigBee 四通道模拟量采集器端口设置

ZigBee 四通道模拟量采集器（见图 3-8）是在 ZigBee 模块底板上接入四通道输入模块，用于采集 0～5V 电压信号、4～20mA 电流信号的智能采集模块。ZigBee 底板可以用移动的，也可以用有线适配器供电的。ZigBee 四通道模拟量采集器共有 4 个输入端口，4 个电源地，一个 UART 串口和电源端。其端口设置情况如表 3-28 所示。

表 3-28　ZigBee 四通道模拟量采集器端口设置情况

ZigBee 四通道模拟量采集器端口设置			
端口	具体功能	端口	具体功能
IN1	输入端口 1	GND	电源地 1～4
IN2	输入端口 2	UART	串口
IN3	输入端口 3	POWER	电源（DC 12V，2.6A）
IN4	输入端口 4		

（四）单联继电器

单联继电器（又称单路继电器，见图 3-9）主要与 ZigBee 智能节点盒配合使用，控制其连接的负载。有的可以控制灯泡和风扇的启停，属于无线控制的类型。单联继电器的背面，IN 代表输入端，连接电源的正极，COM 连接电源负极；NO 代表输出端，连接负载的正极，COM 连接负载负极。将单联继电器与 ZigBee 底板组装起来，如图 3-10 所示。

图 3-8　ZigBee 四通道模拟量采集器　　图 3-9　单联继电器　　图 3-10　ZigBee 底板、单联继电器组装图

（五）ZigBee 智能节点盒

1. 外观

人体红外传感模块与 ZigBee 智能节点盒构成人体红外传感器，ZigBee 智能节点盒的外

观有两种，如图 3-11 所示。

黑色底板，外接5V电源　　　蓝色底板，内置电源

图 3-11　ZigBee 智能节点盒外观

两种 ZigBee 智能节点盒使用方法相同，黑色底板的使用时需要外接 5V 电源，而蓝色底板的使用时可直接吸附于工位上且有内置电源。烧写和使用方法一样，可根据具体设备进行操作与部署。

2. ZigBee 智能节点盒技术参数

ZigBee 智能节点盒是一种物联网无线传输终端，利用 ZigBee 网络为用户提供无线数据传输功能。其无线通信模块采用 TI CC2530 ZigBee 标准芯片，适用于 2.4GHz、IEEE 802.15.4、ZigBee 和 RF4CE 应用。外壳采用铝合金结构，坚固耐用，抗干扰能力强。提供多路 I/O，可实现 2 路数字量输入/输出；2 路模拟量输入；2 路数字量输出。提供标准 RS-485 接口，可通过 USB 线连接 PC 进行数据通信。其可外接电源供电，或用自带电池供电，适应不同环境的供电方式。应用领域有：家庭/建筑物自动化、工业控制测量和监视、低功耗无线传感器网络等。

（1）长×宽×高：110.2×84.1×25.25（mm^3）。

（2）电池容量：1000mA·h。

（3）主芯片：TI CC2530，256KB Flash。

（4）输入电压：DC 5V。

（5）温度范围：−10℃～55℃。

（6）串行速率：38400bps（预设），可设置为 9600bps、19200bps、38400bps、115200bps。

（7）无线频率：2.4GHz。

（8）无线协议：ZigBee2007/PRO。

（9）传输距离：80m。

（10）发射电流：34mA（最大）。

（11）接收电流：25mA（最大）。

（12）接收灵敏度：−96dBm。

ZigBee 智能节点盒可直接通过背面的磁铁吸附在工位上，如图 3-12 所示。ZigBee 智能节点盒的内部结构如图 3-13 所示。

ZigBee 智能节点盒有两种供电方式，一种由外部电源供电，采用 5V、2.1A 电源适配器，通过 USB 接口转接；另一种通过内部电池供电，如图 3-14 所示。当未接外部连接线的时候，将开关按钮拨到"ON"位置，则由内部电池供电。图中左边为 RS-485 接口，中间为 USB 接口，右边为开关按钮。当使用 USB 接口连接 PC 端时，如果将开关按钮拨到"OFF"位置，绿色灯亮，为通信模式，可进行 ZigBee 设置；如果将开关按钮拨到"ON"位置，红色灯亮，由内部电池充电。

图 3-12　ZigBee 智能节点盒的吸附

图 3-13　ZigBee 智能节点盒的内部结构

（六）人体红外传感模块（配合 ZigBee 使用）

人体红外传感模块（见图 3-15）是基于红外技术的自动控制产品，其灵敏度高、可靠性强、具有超低功耗，采用超低电压工作模式，广泛应用于各类自动感应设备，尤其是由干电池供电的自动控制产品。

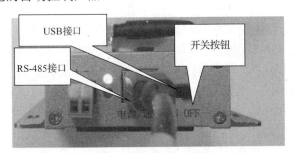

图 3-14　ZigBee 智能节点盒的接口

图 3-15　人体红外传感模块

产品参数：

（1）工作电压：DC 5～20V。

（2）静态功耗：65μA（以静态电流值表示）。

（3）电平输出：高 3.3V，低 0V。

（4）延迟时间：可调（0.3s～10min）。

（5）封锁时间：0.2s。

（6）触发方式：L（不可重复），H（可重复），默认为 H。

（7）感应范围：小于 120°锥角，7s 以内。

（8）工作温度：-15℃～70℃。

（9）PCB 外形尺寸：$32×24mm^2$，螺钉孔距 28mm，螺钉孔径 2mm。

（10）感应透镜尺寸：直径 23mm。

使用说明：

（1）人体红外传感模块通电后有一分钟左右的初始化时间，在此期间模块会间隔地输出 0～3 次，一分钟后进入待机状态。

（2）应尽量避免灯光等干扰源近距离直射模块表面的透镜，以免引进干扰信号产生误动作；使用环境中尽量避免流动的风，风也会对模块造成干扰。

（3）人体红外传感模块采用双元探头，探头的窗口为长方形，双元探头（A 元、B 元）

位于较长方向的两端。当人体从左到右或从右到左走过时，红外光谱到达双元探头的时间、距离有偏差，差值越大，感应越灵敏；当人体从正面走向探头或从上到下或从下到上走过时，双元探头检测不到红外光谱距离的变化，无差值，因此感应不灵敏或不工作；所以安装感应器时应使双元探头的方向与人体活动最多的方向尽量平行，保证人体经过时先后被双元探头所感应。为了增加感应角度范围，模块多采用圆形透镜，使得探头四面都可感应，但左右两个方向仍然比上下两个方向感应范围大、灵敏度高，安装时仍须尽量按以上要求。人体红外传感模块背面如图 3-16 所示。

图 3-16 人体红外传感模块背面

3.2.2 智慧物流仓储管理系统设备组装

一、任务目标

（一）任务描述

在物联网智慧物流仓储管理系统中，各硬件设备是系统运行的基础，系统中硬件设备众多，需要认真检测、精心规划和细心组装，方能保证系统的正常运行。

（二）学习目标

在本任务的学习过程中，将完成智慧物流仓储管理系统方案设计，要达成的学习目标如表 3-29 所示。

表 3-29 学习目标

目标类型	序号	学习目标
知识目标	K1	能简述《物联网安装调试与运维职业技能等级标准》和《物联网工程实施与运维职业技能等级标准》及职业技能大赛评分标准中对设备安装和连线的要求
能力目标	S1	能依据系统设计方案正确选型设备
	S2	能运用工具进行系统设备检测
	S3	能识读系统电路连接图并完整填写设备端口连接记录表
	S4	能依据系统设计要求和平台条件进行设备布局
	S5	能依据职业标准要求正确安装系统设备
	S6	能依据职业标准要求正确连接系统设备
	S7	能依据设计要求检测设备连线情况
	S8	能检测常见故障并排除故障

目标类型	序号	学习目标
素质目标	Q1	能按 6S 规范进行实训台整理
	Q2	能按规范标准进行系统和设备操作
	Q3	能按要求做好任务记录和填写任务单
	Q4	能按时按要求完成学习任务
	Q5	能与小组成员协作完成学习任务
	Q6	能结合评价表进行个人学习目标达成情况评价和反思
	Q7	能积极参与课堂教学活动
	Q8	能积极主动进行课前预习和课后拓展练习

（三）任务单

请按任务实施步骤完成学习任务，填写表 3-30 中各项内容。

表 3-30 智慧物流仓储管理系统设备组装任务单

智慧物流仓储管理系统设备组装任务单				
小组序号和名称			组内角色	
小组成员				
任务准备				
1. PC		4. IoT 系统软件包		
2. IoT 实训台		5. IoT 系统工具包		
3. IoT 系统设备箱		6. 加入在线班级		
任务实施				
智慧物流仓储管理系统设备组装目标	1. 能按规范操作步骤完成硬件设备安装 2. 能按规范操作步骤完成硬件设备连线 3. 能进行所有设备连线检测且无错误组装和连线 4. 能实现所有设备正常上电			
智慧物流仓储管理系统硬件设备清单				
智慧物流仓储管理系统设备组装流程				
系统设备组装过程中遇到的故障记录				
故障现象		解决方法		
总结设备组装过程中的注意事项和建议				
目标达成情况	知识目标		能力目标		素质目标	
综合评价结果				

二、任务实施

请按照如下流程完成当前学习任务。

（一）资讯

引导问题：为确保智慧物流仓储管理系统各设备正常工作，请思考如何进行系统设备的安装和连接，有哪些注意事项及关键点。

小提示：智慧物流仓储管理系统的安装与连线依据物联网职业技能大赛、《物联网安装调试与运维职业技能等级标准》（初级和中级）、《物联网工程实施与运维职业技能等级标准》（初级）的标准和要求进行。

（二）计划、决策

引导问题：智慧物流仓储管理系统的硬件连线图如图 3-17 所示，请在智慧物流仓储管理系统设备选型任务单（见表 3-31）中选择需要使用的设备。

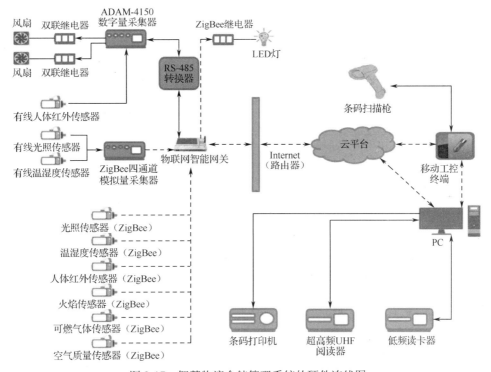

图 3-17　智慧物流仓储管理系统的硬件连线图

表 3-31　智慧物流仓储管理系统设备选型任务单

智慧物流仓储管理系统设备选型任务单					
序号	设备名称	选型（√/×）	序号	设备名称	选型（√/×）
1	PC		15	ZigBee 人体红外传感器	
2	移动工控终端（PAD）		16	双联继电器	
3	物联网智能网关		17	ZigBee 继电器	
4	路由器		18	ZigBee 四通道模拟量采集器	

续表

序号	设备名称	选型（√/×）	序号	设备名称	选型（√/×）
	智慧物流仓储管理系统设备选型任务单				
5	有线温度传感器		19	ADAM-4150 数字量采集器	
6	有线湿度传感器		20	超高频 UHF 阅读器	
7	有线光照传感器		21	低频读卡器	
8	有线人体红外传感器		22	条码打印机	
9	ZigBee 火焰传感器		23	条码扫描枪	
10	ZigBee 可燃气体传感器		24	低频射频卡	
11	ZigBee 空气质量传感器		25	超高频 UHF 电子标签	
12	ZigBee 湿度传感器		26	风扇	
13	ZigBee 温度传感器		27	LED 灯	
14	ZigBee 光照传感器		28	RS-485 转换器	

（三）实施

1. 设备检测

请仔细对照智慧物流仓储管理系统设备检测任务单（见表 3-32）进行设备清点和检查，运用配套设备和工具进行各设备的检测和调试，确保所有设备选型正确且能正常工作。

表 3-32　智慧物流仓储管理系统设备检测任务单

序号	设备名称	检测（√/×）	序号	设备名称	检测（√/×）
	智慧物流仓储管理系统设备检测任务单				
1	PC		15	ZigBee 人体红外传感器	
2	移动工控终端（PAD）		16	双联继电器	
3	物联网智能网关		17	ZigBee 继电器	
4	路由器		18	ZigBee 四通道模拟量采集器	
5	有线温度传感器		19	ADAM-4150 数字量采集器	
6	有线湿度传感器		20	超高频 UHF 阅读器	
7	有线光照传感器		21	低频读卡器	
8	有线人体红外传感器		22	条码打印机	
9	ZigBee 火焰传感器		23	条码扫描枪	
10	ZigBee 可燃气体传感器		24	低频射频卡	
11	ZigBee 空气质量传感器		25	超高频 UHF 电子标签	
12	ZigBee 湿度传感器		26	风扇	
13	ZigBee 温度传感器		27	LED 灯	
14	ZigBee 光照传感器		28	RS-485 转换器	

2. 系统设备安装布局

请结合各设备的端口配置及连接要求，按照任务要求把设备安装到物联网实训工位上，要求符合工艺标准，设备安装正确、位置工整、美观、方便操作。

系统设备安装布局可参考图 3-18。

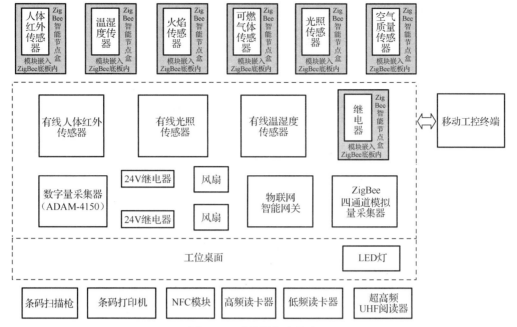

图 3-18　系统设备安装布局

在设计物联网应用系统过程中，为便于实践操作及实现物联网应用系统功能，需要使用的设备和组件要按需选择并适当安装在实训台上，参考布局如图 3-19～图 3-21 所示。

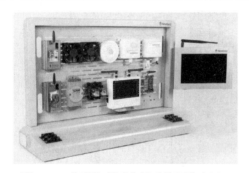

图 3-19　典型物联网应用系统硬件布局 1

图 3-20　典型物联网应用系统硬件布局 2

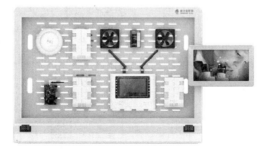

图 3-21　典型物联网应用系统硬件布局 3

3．系统设备安装

引导问题： 系统设备的连线需要依据设备和组件的端口设置情况，系统硬件连线图如图 3-22 所示，请仔细识读连线图，将各设备的端口连接情况填入表 3-33 中。参考各设备的端口设置，依据连线和安装标准，结合实训台实际设备情况将所有的硬件设备进行安装和连接。

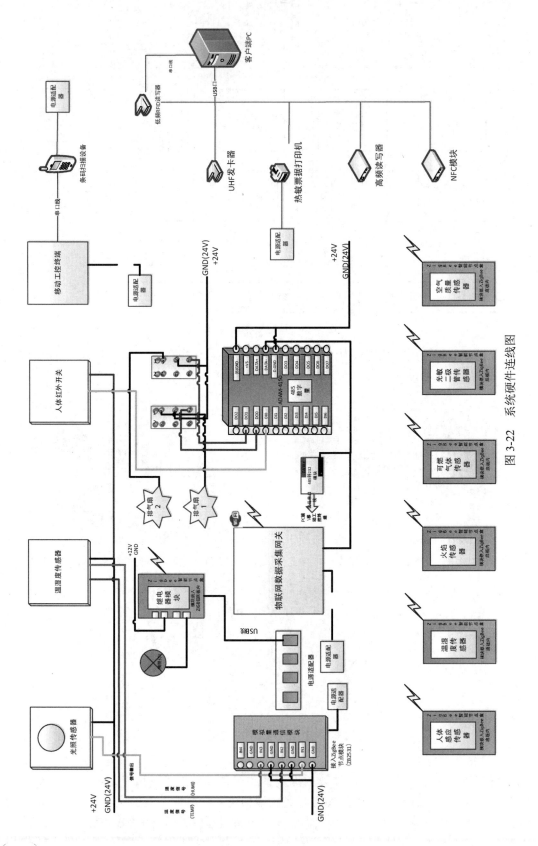

图 3-22 系统硬件连线图

智慧物流仓储管理系统
设备端口连接记录表

表 3-33　智慧物流仓储管理系统设备端口连接记录表

序号	设备名称	连接设备及端口	序号	设备名称	连接设备及端口
	智慧物流仓储管理系统设备端口连接记录表				
1	网关端口	路由器 LAN1	14	ZigBee 湿度传感器	
2	PC 端口		15	ZigBee 温度传感器	
3	有线温度传感器		16	ZigBee 继电器	
4	有线湿度传感器		17	ADAM-4150 数字量采集器 DATA+	
5	有线光照传感器	ZigBee 四通道模拟量采集器 IN1	18	ADAM-4150 数字量采集器 DATA-	
6	有线人体红外传感器		19	RS-485 转换器 T/R-	
7	双联继电器 1		20	RS-485 转换器 T/R+	
8	双联继电器 2		21	超高频 UHF 阅读器	
9	ZigBee 人体红外传感器		22	低频读卡器	
10	ZigBee 火焰传感器		23	条码打印机	
11	ZigBee 可燃气体传感器		24	条码扫描枪	
12	ZigBee 空气质量传感器		25	移动工控终端	
13	ZigBee 光照传感器				

小提示：梳理完设备端口连接情况后，请对比连接设置情况，其中，有多个同类型端口的设备进行连接时，可以自行决定具体连接端口。

表 3-34 是全国职业院校技能大赛"物联网技术应用"赛项感知层安装部署部分的评分标准，请在安装时以大赛评分标准为依据。

表 3-34　评分标准

序号	考 核 点	评 分 标 准
	评 分 标 准	
1	设备选型与安装区域（扣分制，扣完为止）	① 每 1 个设备未安装，扣 1 分
		② 每 1 个设备安装区域错误，扣 1 分
		③ 每 1 个设备选型错误，扣 1 分
		④ 每多安装 1 个任务中不需要的设备，扣 1 分
2	设备安装	检查设备安装是否牢固，每 1 个设备安装不牢固，扣 0.5 分
3	螺母加垫片	有超过 5 个螺母没加垫片，扣 1 分
4	设备接线	每 1 处接线出现接线不牢固、铜线裸露较多，扣 0.5 分
5	安装线槽盖	每 1 条线槽没安装线槽盖，扣 1 分

4. 系统连线情况检测

请结合表 3-35 检查系统连线情况，并使用万用表等工具确认所有连线导通。

表 3-35　智慧物流仓储管理系统连线检测任务单

智慧物流仓储管理系统连线检测任务单			
序号	设备名称	连接情况	连线检测（√/×）
1	PC	网线、低频读卡器数据线、超高频 UHF 阅读器数据线、条码打印机数据线	
2	移动工控终端（PAD）	电源适配器、条码扫描枪数据线	
3	物联网智能网关	电源适配器、网线、RS-485 转换器数据线	
4	路由器	电源适配器、网线	
5	有线温度传感器	24V 电源线、地线	
6	有线湿度传感器	24V 电源线、地线	
7	有线光照传感器	24V 电源线、地线	
8	有线人体红外传感器	24V 电源线、地线	
9	双联继电器	24V 电源线、地线、与数字量采集器之间的连线、与电扇间的连线	
10	ZigBee 四通道模拟量采集器	电源适配器、地线、与有线温湿度传感器之间连线、与有线光照传感器之间的连线	
11	ADAM-4150 数字量采集器	24V 电源线、地线、RS-485 转换器数据线、与双联继电器之间连线、与有线人体红外传感器之间连线	
12	超高频 UHF 阅读器	与 PC 间连线	
13	低频读卡器	与 PC 间连线	
14	条码打印机	电源适配器、与 PC 间连线	
15	条码扫描枪	电源适配器、与移动工控终端间的连线	
16	风扇	与继电器间的连线	
17	LED 灯	与 ZigBee 继电器模块间的连线	
18	ZigBee 继电器	继电器电源线、与 LED 灯间的连线	

5. 系统上电检测

请结合智慧物流仓储管理系统上电检测任务单（见表 3-36）检查系统各设备是否能上电，并使用万用表等工具排除故障，确保所有设备都能正常上电工作。

表 3-36　智慧物流仓储管理系统上电检测任务单

智慧物流仓储管理系统上电检测任务单					
序号	设备名称	上电检测（√/×）	序号	设备名称	上电检测（√/×）
1	PC		6	ADAM-4150 数字量采集器	
2	移动工控终端（PAD）		7	超高频 UHF 阅读器	
3	物联网智能网关		8	低频读卡器	
4	路由器		9	条码打印机	
5	ZigBee 四通道模拟量采集器		10	条码扫描枪	

（四）检查、评估

请结合任务实施情况，进行任务检查互评，将目标达成情况填写在表 3-37 中。

表 3-37　智慧物流仓储管理系统设计任务实施情况互查表

智慧物流仓储管理系统设计任务实施情况互查表			
学习任务名称			
小组		姓名	
序号	任务完成目标		目标达成情况
1	能按时按要求完成任务	A：按时全部完成 B：未按时完成	
2	能按时按要求完成任务单	A：完整且正确 B：不完整	
3	能依据系统设计方案正确选型设备	A：全部实现 B：部分实现	
4	能运用工具进行系统设备检测	A：全部实现 B：部分实现	
5	能识读系统电路连接图并完整填写设备端口连接记录表	A：全部实现 B：部分实现	
6	能依据系统设计要求和平台条件进行设备布局	A：全部实现 B：部分实现	
7	能按系统安装标准完成系统硬件设备安装	A：规范且参数设置正确 B：不规范/参数部分错误	
8	能按接线标准完成硬件设备连线	A：全部实现 B：部分实现	
9	能进行设备连线检测且无错误安装和连线	A：全部实现 B：部分实现	
10	能实现所有设备正常上电	A：全部实现 B：部分实现	
评价人			

（五）任务优化

请结合任务评价情况进行优化，并将优化信息填写在表 3-38 中。

表 3-38　优化情况记录表

优化情况记录表			
序号	优化点	优化原因	优化方法

（六）整理设备工具和实训台

请对照设备清点整理检查单，检查和记录出现的问题，填写表 3-39。

表 3-39　设备清点整理检查单

序号	设备名称	数量	检查记录	序号	设备名称	数量	检查记录
1	移动工控终端	1		17	ZigBee 四通道模拟量采集器	1	
2	有线温湿度传感器	1		18	ADAM-4150 数字量采集器	1	
3	有线光照传感器	1		19	条码打印机	1	
4	有线人体红外传感器	1		20	超高频 UHF 阅读器	1	
5	ZigBee 光照传感器	1		21	低频读卡器	1	
6	ZigBee 温湿度传感器	1		22	条码扫描枪	1	
7	ZigBee 人体红外传感器	1		23	USB 转串口线	1	
8	ZigBee 可燃气体传感器	1		24	USB 数据线	4	
9	ZigBee 空气质量传感器	1		25	ZigBee 智能节点盒充电器	1	
10	ZigBee 火焰传感器	1		26	低频射频卡	3	
11	ZigBee 继电器	1		27	超高频 UHF 电子标签	3	
12	双联继电器	4		28	ZigBee 烧写器及数据线	1	
13	风扇	1		29	钥匙扣	2	
14	LED 灯（灯泡+灯座）	1		30	IoT 工具箱	2	
15	ZigBee 智能节点盒	1		31	网线	2	
16	物联网智能网关	1		32	各设备配套电源线和数据线		
缺损记录							
计算机和移动工控终端电源是否关闭							
实训台电源是否关闭							
ZigBee 模块电源是否关闭							
实训台桌面是否整理清洁							
工具箱是否已经整理归位							

三、任务学习评价反馈

请结合学习任务完成情况及任务学习评价标准参考表（见表 3-40）进行自评、互评、师评和综合评价，评价情况填入表 3-41 中，并将综合评价结果填到表 3-30 中。其中，各评价的权重分别是：自评占 20%、互评占 20%、师评占 60%，即综合评价=自评×20%+互评×20%+师评×60%。

表 3-40　任务学习评价标准参考表

目标类型	序号	评价指标	评价标准	分数	评价标准	分数	评价标准	分数
知识目标	K1	能简述《物联网安装调试与运维职业技能等级标准》和《物联网工程实施与运维职业技能等级标准》及职业技能大赛评分标准中对设备安装和连线的要求	正确完整	10	部分正确	4	不能	0

目标类型	序号	评价指标	评价标准	分数	评价标准	分数	评价标准	分数
任务学习评价标准参考表								
能力目标	S1	能依据系统设计方案正确选型设备	正确完整	8	部分正确	3	不能	0
	S2	能运用工具进行设备检测	正确完整	8	部分正确	3	不能	0
	S3	能识读系统电路连接图并完整填写设备端口连接记录表	正确完整	8	部分正确	3	不能	0
	S4	能依据系统设计要求和平台条件进行设备布局	正确完整	5	部分正确	3	不能	0
	S5	能依据职业标准要求正确安装系统设备	正确完整	5	部分正确	2	不能	0
	S6	能依据职业标准要求正确连接系统设备	正确完整	5	部分正确	2	不能	0
	S7	能依据设计要求检测设备连线情况	正确完整	5	部分正确	2	不能	0
	S8	能检测常见故障并排除故障	正确完整	5	部分正确	2	不能	0
素质目标	Q1	能按 6S 规范进行实训台整理	规范	5	不规范	2	未做	0
	Q2	能按规范标准进行系统和设备操作	规范	5	不规范	2	未做	0
	Q3	能按要求做好任务记录和填写任务单	完整	5	不完整	2	未做	0
	Q4	能按时按要求完成学习任务	按时完成	5	补做	2	未做	0
	Q5	能与小组成员协作完成学习任务	充分参与	5	不参与	0		
	Q6	能结合评价表进行个人学习目标达成情况评价和反思	充分参与	5	不参与	0		
	Q7	能积极参与课堂教学活动	充分参与	5	不参与	0		
	Q8	能积极主动进行课前预习和课后拓展练习	进行	6	未进行	0		

表 3-41 任务学习评价表

目标类型	序号	具体目标	分数	自评	互评	师评	综合评价
任务学习评价表							
知识目标	K1	能简述《物联网安装调试与运维职业技能等级标准》和《物联网工程实施与运维职业技能等级标准》及职业技能大赛评分标准中对设备组装和连线的要求	10				

任务学习评价表							
目标类型	序号	具体目标	分数	自评	互评	师评	综合评价
能力目标	S1	能依据系统设计方案正确选型设备	8				
	S2	能运用工具进行设备检测	8				
	S3	能识读系统电路连接图并完整填写设备端口连接记录表	8				
	S4	能依据系统设计要求和平台条件进行设备布局	5				
	S5	能依据职业标准要求正确安装系统设备	5				
	S6	能依据职业标准要求正确连接系统设备	5				
	S7	能依据设计要求检测设备连线情况	5				
	S8	能检测常见故障并排除故障	5				
素质目标	Q1	能按6S规范进行实训台整理	5				
	Q2	能按规范标准进行系统和设备操作	5				
	Q3	能按要求做好任务记录和填写任务单	5				
	Q4	能按时按要求完成学习任务	5				
	Q5	能与小组成员协作完成学习任务	5				
	Q6	能结合评价表进行个人学习目标达成情况评价和反思	5				
	Q7	能积极参与课堂教学活动	5				
	Q8	能积极主动进行课前预习和课后拓展练习	6				
项目总评							
评价人							

四、任务学习总结与反思

请结合任务的学习情况，进行学习反思和总结，写出在知识、能力、素质三个方面的学习事实、学习收获、存在问题及未来计划努力方向，填写表3-42。

表3-42　4F反思总结表

4F反思总结表			
	知识	能力	素质
Facts 事实（学习）			
Feelings 感受（收获）			
Finds 发现（问题）			
Future 未来（计划）			

五、任务学习拓展练习

以下是 2023 年全国职业院校技能大赛"物联网应用开发"赛项中的感知层设备安装与调试训练题,请结合本节的学习内容及实训台设备条件自行进行拓展练习。

按照任务要求把设备安装到物联网实训工位上,要求设备安装符合工艺标准,设备安装正确、位置工整、美观。设备安装布局图如图 3-23 所示。

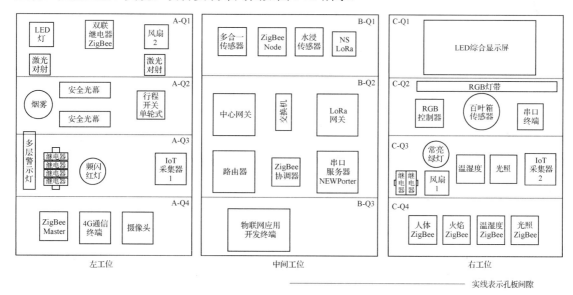

图 3-23　设备安装布局图

任务要求:

(1)要求 A-Q1 区域中的激光对射模组和 A-Q2、A-Q3 区域中的设备通过 A-Q3 区域中的 IoT 采集器 1 实现数据通信与控制。

(2)要求 B-Q1 区域中的多合一传感器通过 RS-485 直连中心网关,上报云平台。

其他 RS-485 设备通过该区域中的 ZigBee Node 节点实现数据通信,ZigBee Master 节点通过 4G 通信终端实现数据与云平台间的通信。

(3)要求 C-Q2 区域中的设备通过该区域中的串口终端实现数据通信。

(4)要求 C-Q3 区域中的设备通过该区域中的 IoT 采集器 2 实现数据通信与控制。

(5)要求将条码扫描枪、小票打印机与服务器连接好,整齐摆放到服务器放置的桌子上。

(6)要求在划分区域的线槽盖上粘上黑色电工胶带,表示该线槽是区域分割线。需自行制作合格的网线,若无法实现,可以填写"协助申请单"后,领取成品网线,但提出申请后,将按标准扣分。该网线处理不好,会影响后续部分任务的完成。

六、任务学习相关知识点

(一)路由器端口设置

路由器(见图 3-24)型号众多,路由器上一般设置 WAN 口、LAN 口、重启按键。

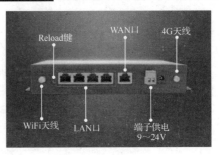

图 3-24　常见路由器

（二）RS-485 转换器端口设置

RS-485 转换器是一种高性能、多功能的 RS-232/RS-485 接口转换器，分为有源和无源两种，具有体积小、传输距离远、传输速率快、性能稳定等特性。

物联网实训平台使用无源通用型 UOTEK RS-485 转换器，如图 3-25 所示，其端口设置如表 3-43 所示。

图 3-25　UOTEK RS-485 转换器

表 3-43　UOTEK RS-485 转换器的端口设置

DB9	输出信号	RS-485 半双工接线	RS-422 全双工接线
1	T/R+	RS-485（A+）	发（A+）
2	T/R−	RS-485（B−）	发（B−）
3	RXD+	空	收（A+）
4	RXD−	空	收（B−）
5	GND	地线	地线

（三）继电器端口设置

物联网实训平台中使用了两种继电器模块，一种是 8 脚中间继电器，另一种是单联继电器。8 脚中间继电器通常在其透明壳体上画有电气连接图，标注的数字对应其底座的接线柱序号，其典型连接方式如图 3-26 所示。

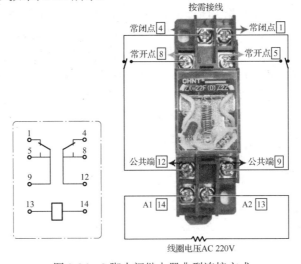

图 3-26　8 脚中间继电器典型连接方式

单联继电器一般有 6 个端口：公共端（COM）、常闭端（NC）、常开端（NO）、电源正极（VCC）、地/电源负极（GND）、信号输入端（IN），如图 3-27、图 3-28 所示。

图 3-27　单联继电器模块

图 3-28　单联继电器模块端口设置

（四）常用设备检测和安装

1. 继电器安装

步骤 1：用 M4×16 十字盘头螺钉将继电器金属底座安装到工位上，注意在设备台背面加不锈钢垫片（M4×10×1），如图 3-29 所示。

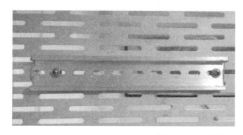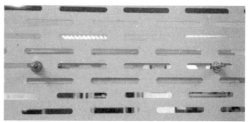

图 3-29　继电器金属底座安装示意图

步骤 2：安装继电器，将继电器扣到金属底座上，如图 3-30 所示。

2. 连接 ADAM-4150 的电源及外接设备

步骤 1：制作连接导线。

根据 ADAM-4150 与实训工位稳压电源接线端子的距离，剪取长度适宜的一根红黑平行的导线。根据 ADAM-4150 与外接传感器的距离，剪取长度适宜的信号线。使用剥线钳，将红黑线和信号线两端各剥掉长约 0.8cm 的绝缘皮。

步骤 2：ADAM-4150 电源线的连接。

使用红黑线，红线将 ADAM-4150 的+Vs 端口接实训工位的 DC 24V 电源的正极，黑线将 ADAM-4150 的 GND 与 D.GND 端口接 DC 24V 电源的负极。

步骤 3：将可燃气体传感器与火焰传感器的信号线连接至 ADAM-4150 的 DI1 与 DI2 端口，完成两个传感器信号线的连接。

步骤 4：将报警灯固定于工位上，根据连线图连接继电器，报警灯的正极连接继电器的 4 号端口，报警灯的负极连接继电器的 3 号端口；继电器的 5 号端口连接 DC 24V 电源的负极，继电器的 6 号端口连接 DC 24V 电源的正极，继电器的 8 号端口连接 DC 24V 电源的正极，继电器的 7 号端口连接 ADAM-4150 的 DO0 端口。

步骤 5：安装 RS-485 转换器。

红黑线一端，红线连接到 RS-485 转换器的 R/T+端口，黑线连接到 RS-485 转换器的 R/T-端口；红黑线另一端，红线连接到 ADAM-4150 的 DATA+端口，黑线连接到 ADAM-4150 的 DATA-端口。最后，将 RS-485 转换器的串口连接到 PC 的串口（COM1），或将 RS-485 转 RS-232 接口与 RS-232 转 U 线连接，再连接到 PC 的串口（COM1）。安装完毕，如图 3-31 所示。

图 3-30　继电器安装示意图

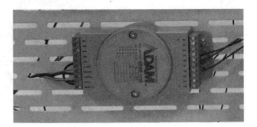
图 3-31　安装完毕

3. RS-485 转换器

RS-485 转换器兼容 RS-232、RS-485 标准，能够将单端的 RS-232 信号转换为平衡差分的 RS-485 信号，可将 RS-232 通信距离延长至 1.2km；不需要外接电源，采用独特的 RS-232 电荷泵驱动，不需要初始化 RS-232 串口即可得到电源电压；内部带有零延时自动收发转换功能，独有的 I/O 电路自动控制数据流方向，而不需任何握手信号（如 RTS、DTR 等），从而保证了在 RS-232 半双工方式下编写的程序不需要更改便可在 RS-485 方式下运行，确保适合现有的操作软件和接口硬件；RS-485 转换器传输速率为 300～115.2kbps，可以应用于主控机之间、主控机与单片机或外设之间，构成点到点、点到多点远程多机通信网络，实现多机应答通信。

RS-485 转换器如图 3-32 所示。

4. 风扇检测

（1）外观检查：观察风扇（见图 3-33）的外观，检查其表面是否有破损，电源线是否有脱落。

（2）功能检测：将风扇的电源的正负极接 DC 24V 电源的正负极，如果风扇可以正常运转，那么表示风扇的功能是正常的。

5. LED 灯检测

（1）外观检查：观察 LED 灯（见图 3-34）及灯座外观是否有损坏，灯座内卡口、接线柱等是否完好。

（2）功能检测。

步骤 1：使用数字万用表欧姆挡检测 LED 灯的正极和负极之间是否存在短路现象。数字万用表选用 2M 挡，测得正反向电阻值应趋于∞。

步骤 2：拆开灯座面板，区分灯座的 L、N 端。

步骤3：连接电源线，将灯座中标注"L"和"N"的接线柱分别用红黑线接入12V直流电源的正极和负极。

步骤4：测试线路连接情况。使用万用表蜂鸣挡，测量底座L端与工位上的12V直流电源的正极之间是否导通，接着测量底座N端与工位上的12V直流电源的负极之间是否导通，最后测量灯泡正负极之间是否有短路现象。上述测量结果若发现不正常处，则需重新检查接线情况。

步骤5：功能测试，将LED灯装入灯座中，接通电源，如LED灯亮则表示设备功能完好。

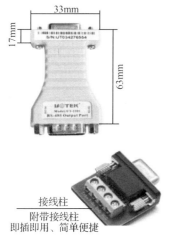

接线柱
附带接线柱
即插即用、简单便捷

图 3-32　RS-485 转换器

图 3-33　风扇

图 3-34　LED 灯

（五）RFID 低频读卡器

1. RFID 低频读卡器特点

如图 3-35 所示为 RFID 低频读卡器，其具有如下特点。

（1）双向串口通信，波特率为 9600bps，数据位 8 位，无校验位，停止位 1 位；可根据客户需求调整波特率。

（2）由计算机 USB 接口提供稳定的电源电压，不需要外接电源，内置电源保护。

（3）一个 LED 灯和一个蜂鸣器，刷卡时蜂鸣器响一声，LED灯闪一下。

图 3-35　RFID 低频读卡器

（4）支持：TI 的 RFID 和 PHILIPS 的 ICODE 及其他符合 ISO 15693 标准的电子标签。

（5）功耗<0.2W，低功耗造就零故障。

2. 设备连接

将 RFID 低频读卡器连接线 DB9 针头插到计算机串口上，将短的 USB 头插到计算机 USB 接口上取电。将长的 USB 头插到读卡器上，读卡器发出"滴滴"声并闪烁一下，表示上电成功，也可以使用 D 转 USB 连接线，请根据配线选择连接方式。连接示意图如图 3-36 所示。

（六）RFID 高频读卡器

如图 3-37 所示为 M2 系列读卡器（高频读卡器）。其有 USB 和串口两种接口，易于与计算机连接，可应用于采用 ISO/IEC 14443 TypeA 标准卡片的一卡通系统，是公交、门禁、考勤、网络安全等应用领域的理想选择。此读卡器的操作方法简捷、方便，读写距离依据非接触标签的类别而定。高频读卡器的参数如表 3-44 所示。

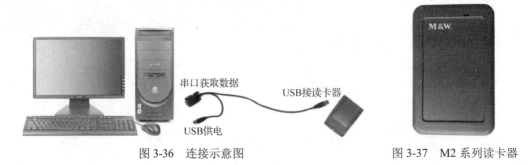

图 3-36　连接示意图　　　　　　　　　　图 3-37　M2 系列读卡器

表 3-44　高频读卡器的参数

通信接口：全速 USB（HID 无驱）或高速 RS-232（9600～115200bps）	电源：USB 供电
支持系统：Windows 98、NT、2003、XP、Vista	Windows 7、Unix、Linux
非接触式卡片接口	支持协议：ISO/IEC 14443 TypeA
支持卡型：Mifare Std 1K、4K，CPU 卡等	支持卡速率：106kbps
操作距离：≤5cm	SAM 卡接口
蜂鸣器：单调音、可编程控制	状态指示：LED 灯，指示电源与通信状态
外形尺寸：122×78×27（mm³）	质量：140g
工作环境：温度为 0℃～50℃；相对湿度为 10%RH～90%RH	性能特点： ① USB 无驱通信； ② 同类产品中，较远读写距离； ③ 可控蜂鸣器； ④ 符合 CE、FCC、RoHS 认证标准

高频读卡器通过 USB 接口直接连接 PC，如图 3-38 所示。

（七）超高频桌面读卡器

如图 3-39 所示为超高频桌面读卡器，融合了先进的低功耗技术、防碰撞算法、无线电技术，极具抗干扰性，可连续上电运行；内部集成了高性能陶瓷天线，外形美观，采用 USB 接口，即插即用，使用轻巧方便。超高频桌面读卡器主要用于读写超高频电子标签数据。

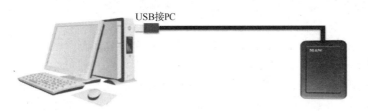
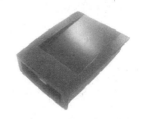

图 3-38　高频读卡器设备连接图　　　　　　图 3-39　超高频桌面读卡器

超高频桌面读卡器主要功能如下。

（1）声音提示：提供标签读写蜂鸣器提示功能，对标签进行读写操作时会发出提示声。

（2）电源指示：设备右上角有红色 LED 灯作为供电指示。

（3）读写标签数据：可读写标签的各分区的数据字段。

（4）二次开发：通过 USB 接口与控制器或 PC 连接（见图 3-40），进行数据通信与交换；提供开发包，供用户进一步开发应用。

超高频桌面读卡器技术参数如表 3-45 所示。

表 3-45　超高频桌面读卡器技术参数

供电	USB 供电
功率	<2.5W
天线极化方向	圆极化
工作频率	920～925MHz，跳频 250kHz
发射功率	15dBm
支持协议	EPC Class1 G2/ ISO 18000-6C
识别距离	>30cm
写数据距离	>5cm
接口模式	USB
工作寿命	>5 年
工作温度	−20℃～+60℃
工作湿度	小于 90%RH（非冷凝）
外形尺寸	10.8cm×7.8cm×2.8cm

超高频桌面读卡器使用数据线将设备连接到计算机，正确连接后，设备会发出"滴滴"的声音。

（八）超高频 UHF 阅读器

超高频 UHF 阅读器如图 3-41 所示，在保持高识读率的同时，实现对电子标签的快速读写处理，可广泛应用于物流、车辆管理、门禁、防伪及生产过程控制等多种无线射频识别系统。

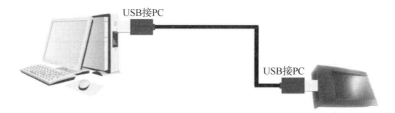

图 3-40　超高频桌面读卡器与 PC 连接

图 3-41　超高频 UHF 阅读器

1. 超高频 UHF 阅读器特点

超高频 UHF 阅读器参数如表 3-46 所示。

表 3-46　超高频 UHF 阅读器参数

充分支持符合 ISO 18000-6B/EPC Class1 G2 标准的电子标签	工作频率：902～928MHz
以广谱跳频或定频发射方式工作	输出功率：26dBm
读取距离：1～3m	标签查询速度：>6ms/个
功耗设计：DC 9～26V 供电	低功耗设计，适配器电源低电压供电
支持：RS-232 串行通信接口	工业级防雷：6000V
尺寸：260×260×40（mm³）	工作温度：−25℃～65℃

2. 连接超高频 UHF 阅读器

（1）外观检查：观察超高频 UHF 阅读器外观是否有破损，电源适配器的导线是否有破损等。

（2）设备连接。

步骤 1：安装走线槽。根据工位的铁架尺寸，安装走线尺寸合适的走线槽。挑选尺寸合适的螺钉、螺母、垫片，选用螺丝刀，完成工位铁架四周走线槽，以及传感器走线槽的安装。

步骤 2：用配套螺钉（注意添加垫片）将底座安装到超高频 UHF 阅读器上面，如图 3-42 所示。

步骤 3：用不锈钢十字盘头螺钉（M4×16）将灯座底板固定在平台架子上，注意在设备台背面加不锈钢垫片（M4×10×1）（见图 3-43）。

图 3-42　安装底座　　　　　　　　　　　图 3-43　安装灯座底板

步骤 4：将设备的串口连接到计算机的 COM 口，将设备的电源适配器接到电源插座。

3.2.3　智慧物流仓储管理系统环境配置与调试

一、任务目标

（一）任务描述

在智慧物流仓储管理系统中，感知层、网络层、应用层设备和软件众多，需要综合考虑硬件、软件、网络、数据等方面的要求，以确保系统的稳定、可靠运行。

（二）学习目标

在任务学习过程中，将完成智慧物流仓储管理系统方案设计，要达成的学习目标如表 3-47 所示。

表 3-47 学习目标

目标类型	序号	学习目标
知识目标	K1	能简述系统局域网组网要求
	K2	能简述环境配置的作用
	K3	能简述局域网内 IP 地址设置要点
能力目标	S1	能正确连接系统内的局域网设备
	S2	能正确配置路由器参数
	S3	能正确配置网关的网络参数
	S4	能正确配置 PC 端网络参数
	S5	能正确添加服务端数据库
	S6	能正确运用 IIS 发布云平台网页
	S7	能正确运用 IIS 发布 Web 服务端网页
	S8	能正确配置 PC 端环境
	S9	能正确配置安卓端环境
	S10	能检查和排除常见环境配置故障
素质目标	Q1	能按 6S 规范进行实训台整理
	Q2	能按规范标准进行系统和设备操作
	Q3	能按要求做好任务记录和填写任务单
	Q4	能按时按要求完成学习任务
	Q5	能与小组成员协作完成学习任务
	Q6	能结合评价表进行个人学习目标达成情况评价和反思
	Q7	能积极参与课堂教学活动
	Q8	能积极主动进行课前预习和课后拓展练习

（三）任务单

请按实施步骤完成学习任务，填写表 3-48 中各项内容。

表 3-48 智慧物流仓储管理系统环境配置与调试任务单

智慧物流仓储管理系统环境配置与调试任务单			
小组序号和名称		组内角色	
小组成员			
任务准备			
1. PC		4. IoT 系统软件包	
2. IoT 实训台		5. IoT 系统工具包	
3. IoT 系统设备箱		6. 加入在线班级	

续表

任务实施	
智慧物流仓储管理系统环境配置与调试目标	1. 能实现系统网络环境配置 2. 能实现系统数据库配置 3. 能实现系统云平台网页发布 4. 能实现系统 Web 服务端网页发布 5. 能完成 PC 端环境配置 6. 能完成安卓端环境配置
环境配置和调试过程中遇到的故障记录	
故障现象	解决方法
总结环境配置与调试过程中的注意事项和建议	

目标达成情况	知识目标		能力目标		素质目标	
综合评价结果						

二、任务实施

请按照如下流程完成当前学习任务。

（一）资讯

在智慧物流仓储管理系统中，对系统环境有以下几个方面的要求。（1）网络环境要求：需要一个稳定、可靠的网络环境，以支持各个设备之间的数据传输和通信。（2）硬件环境要求：系统需要适配和运行在各种硬件设备上，包括传感器、采集器、控制器等。（3）软件环境要求：系统需要适配和运行在各平台和应用端，包括云平台、应用端等。（4）数据存储和安全环境要求：系统处理的是大量的实时数据，因此需要具备数据存储和安全防护机制。系统设计需要考虑网络环境、硬件环境、软件环境、数据存储和安全环境等多个方面的要求，以确保系统能够稳定、可靠地运行，并满足系统功能的需求。

（二）计划、决策

引导问题： 参考智慧物流仓储管理系统的硬件连线图，请选出需要进行环境配置的设备，与环境配置任务单（见表 3-49）进行对照。

表 3-49　环境配置任务单

环境配置任务单			
序号	配置内容	序号	配置内容
1	网关	6	云平台
2	路由器	7	Web 服务应用
3	服务器	8	
4	移动工控终端（安卓端）	9	
5	PC（PC 端）	10	

（三）实施

在智慧物流仓储管理系统中，需要将终端设备、外部设备、数据库、云平台等互相连接起来进行通信和数据传输。组成网络的设备主要有：网关、路由器、服务器、应用终端。请按照以下步骤进行网络配置，将配置信息填写在网络配置任务单中。

1. 网络配置

引导问题：在智慧物流仓储管理系统中，形成局域网进行通信和数据传输的设备的网络地址应如何设置？需要什么约束条件？请按步骤配置网络环境，并将配置信息填写在网络配置任务单（见表 3-50）中。

表 3-50　网络配置任务单

	网络配置任务单		网络配置示范样例
1	网关连接的 LAN 口		LAN1
2	PC 连接的 LAN 口		LAN2
3	路由器 IP 地址		192.168.1.1
4	默认网关 IP 地址		192.168.1.1
5	子网掩码		255.255.255.0
6	PC 的 IP 地址		192.168.1.2
7	网关的 IP 地址		192.168.1.3
8	WiFi 名称		IOT1
9	WiFi 密码		12345678

智慧物流仓储管理系统网络配置步骤：使用一根网线直连路由器 LAN 口与网关，用另一根网线直连路由器 LAN 口与云平台 PC，并且路由器已上电，各设备都在正常工作。

2. 路由器配置

（1）网页登录。打开浏览器，输入路由器的链接地址（如 http://192.168.1.1/），进入登录界面，输入用户名：admin，密码：admin，成功登录后进入路由器的配置主界面，如图 3-44所示。

（2）LAN 口设置。主要配置用路由器构建的小型局域网，外部设备接入时，将以路由器的 IP 地址作为网关地址。LAN 口设置需要进行 IP 地址、子网掩码设置，其他项为默认设置，其中 IP 地址将成为接入设备连入该局域网时的网关地址，参考图 3-45。

图 3-44　路由器的配置主界面

图 3-45　路由器 LAN 口设置界面

小提示：IP 地址是指互联网协议地址，是 IP 协议提供的一种统一的地址格式，它为互联网上的每一个网络和每一台主机分配一个逻辑地址，以此来屏蔽物理地址上的差异。IP 地址是一个 32 位的二进制数，通常被分割为 4 个 8 位二进制数（4 个字节）。IP 地址通常用点分十进制数表示成（a.b.c.d）的形式，其中，a、b、c、d 都是 0～255 的十进制整数，如 192.168.1.1、172.16.1.1 等。

（3）无线设置。为路由器设置一个 WiFi，便于其他设备使用 WiFi 方式连入局域网，需要设置无线名称（SSID）及加密方式。

小提示：无线名称可根据个人需要设置，无线加密选择"WPA/WPA2"，无线密码根据个人需要进行设置，其他为默认设置，参考图 3-46。

如果在设置过程中出现故障，可以尝试将路由器恢复出厂设置。路由器恢复出厂设置的方式有两种，一种是通过网页进行恢复，登录路由器，进行系统设置，单击"恢复出厂值"按钮，即可恢复出厂设置，如图 3-47 所示。另一种是通过路由器上的重置按键进行恢复，长按（10s 左右）路由器的重置按键 Reset，直到所有的灯都先亮再灭，使其复原，重置按键如图 3-48 所示。

图 3-46　无线设置

图 3-47　恢复出厂设置

小提示：路由器上的 WAN 口主要用于设置路由器的 Internet 连接信息，WAN 口通过路由器访问广域网的方式，可分为动态 IP、静态 IP、PPPOE 3 种，其中静态 IP 设置可参考图 3-49。

图 3-48　重置按键

图 3-49　静态 IP 设置

（4）PC 的 IP 地址配置。

按下 Win+R 组合键，可打开运行窗口，在运行窗口中输入"cmd"，回车，打开命令提示符窗口，然后输入命令"ipconfig"，可查看当前 PC 的 IP 地址。请查询发布云平台的 PC 的 IP 地址，并将相关信息记录在表 3-51 中。

表 3-51 发布云平台的 PC 的 IP 地址记录单

发布云平台的 PC 的 IP 地址记录单		
1	子网掩码	255.255.255.0
2	默认网关	
3	IPv4 地址	

小提示： 同一网段指的是将 IP 地址和子网掩码进行"相与"操作而得到相同的网络地址。想在同一网段中，必须做到网络标识相同。各类 IP 地址的网络标识算法是不一样的，需要根据子网掩码的位数来判断。同一网段中的子网掩码一定相同，为每个网段都分配一个 IP 地址段。通常为了计算简单和方便，将子网掩码设置成 255.255.255.0，只要保证 IP 地址的前三组相同，则为同一网段，不需要另外计算。例如，子网掩码：255.255.255.0，同一网段 IP 地址 1：192.168.1.1，IP 地址 2：192.168.1.200。

（5）网关的 IP 地址设置。

在物联网智慧应用系统中，可通过 WiFi 方式或者静态 IP 方式连接到网络。为提高系统的稳定性，常采用静态 IP 方式，而且需要将网关的静态 IP 地址配置成与路由器、云平台 PC 在同一个网段内，形成局域网。

引导问题： 请思考如何设置网关的静态 IP 地址，并保证网关、路由器和云平台 PC 在同一局域网中。

选择"系统设置"→"WiFi 设置"，将 WiFi 设置关闭。选择"以太网设置"，去掉 DHCP 动态获取选项，设置静态 IP 地址。注意网关 IP 地址必须与路由器及云平台 PC 在同一网段中且三者 IP 地址互不冲突，可参考图 3-50 进行设置。

3. 服务器配置

引导问题： 在智慧物流仓储管理系统中，服务器起着核心作用，负责处理和管理来自各种连接设备的

图 3-50 网关 IP 地址设置

数据。请回顾云平台的配置参数及系统各硬件配置情况，并填写到表 3-52 中。

表 3-52 服务器配置任务单

服务器配置任务单		
序号	名　称	具 体 参 数
1	数据库用户名	
2	数据库密码	
3	添加的云平台数据库	
4	云平台 PC 的 IP 地址	
5	云平台 PC 的端口号	
6	服务器 IP 地址	
7	服务器端口号	

小提示：服务器是物联网系统的核心，在系统中的作用如下。（1）连接设备：服务器可以将各种设备连接到系统中，并对其进行管理、监控。（2）数据采集：服务器可以采集各种传感器和其他设备上的数据，并对其进行整理，发送给应用层进行分析。（3）数据处理：服务器中的数据处理组件负责过滤、聚合和分析数据，使其变得有用和可操作。（4）数据存储：服务器中的数据存储组件负责存储处理后的数据，包括结构化和非结构化数据，如传感器读数、位置数据和其他元数据。根据系统的需要，数据可以存储在各种数据库中。

服务器配置步骤如下。

1）关闭防火墙

选择计算机上的"控制面板"→"Window 防火墙"，在打开的界面的左侧列表中选择"打开或关闭 Windows 防火墙"，如图 3-51 所示。勾选"关闭 Windows 防火墙"，单击"确定"按钮，关闭控制面板，如图 3-52 所示。

图 3-51　Window 防火墙设置 1

图 3-52　Window 防火墙设置 2

2）配置 SQL Server 数据库

（1）配置数据库。选择"开始"→"SQL Server"→"配置工具"→"配置管理器"，配置 SQL Server 服务和 SQL Server 网络、SQL Server 协议，如图 3-53 所示。

（2）连接数据库。从"开始"菜单中找到 Microsoft SQL Server 2008 软件，如图 3-54 所示。

图 3-53　SQL Server 配置

图 3-54　Microsoft SQL Server 2008 软件

打开 SQL Server 软件，进入连接到服务器界面，如图 3-55 所示。服务器名称设置为"192.168.14.6"，身份验证选择"SQL Server 身份验证"，登录名设置为"sa"，密码设置为"123456"，设置完毕，单击"连接"按钮。

3）添加云平台数据库

在"数据库"上右击，在弹出的快捷菜单中选择"附加"命令，如图 3-56 所示。

图 3-55　连接到服务器

图 3-56　添加云平台数据库

打开附加数据库界面，单击"添加"按钮，进行云平台数据库文件的添加，如图 3-57 所示。选择云平台数据库文件，如图 3-58 所示。

图 3-57　云平台数据库文件的添加

图 3-58　云平台数据库文件选择

添加完成后，在"数据库"下可看到附加的云平台数据库文件，如图 3-59 所示。

4）添加仓储服务端数据库

在"数据库"上右击，在弹出的快捷菜单中选择"附加"命令，打开附加数据库界面，进行仓储服务端数据库文件的选择，如图 3-60 所示。

图 3-59　云平台数据库文件添加成功

图 3-60　仓储服务端数据库文件的选择

单击"确定"按钮，添加数据库文件，添加完成后，在"数据库"下可看到附加的仓储服务端数据库文件，如图 3-61 所示。

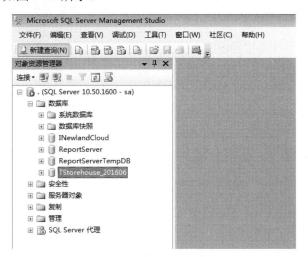
图 3-61　仓储服务端数据库文件添加完成

4. 发布 Web Services 服务

（1）发布 INewCloud 云平台服务

找到云平台的安装包进行解压，添加一个网站，如图 3-62 所示。发布 INewCloud 云平台服务，选择"控制面板"→"管理工具"→"Internet 信息服务（IIS）管理器"，打开如图 3-63 所示界面。添加一个网站，网站名称可以自己设置，选择"网站"→"添加网站"命令，如图 3-64 所示。

图 3-62 添加一个网站

图 3-63 IIS 管理器

如添加的网站名称为"INewCloud"，应用程序池为"ASP.NET v4.0"，物理路径指向"\行业基础实训平台-物流\09_发布包\云平台\INewCloud"，绑定端口"8020"，如图 3-65 所示。

图 3-64 选择"添加网站"命令

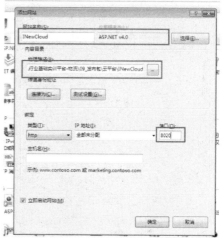

图 3-65 添加网站

添加完网站后，进行配置，在"INewCloud"上右击，在弹出的快捷菜单中选择"浏览"命令，打开文件夹，如图 3-66 所示。找到 Web.config 文件位置，如图 3-67 所示。

图 3-66 打开文件夹

图 3-67 Web.config 文件位置

打开 Web.config 文件进行设置，如图 3-68 所示。以同样的方式找到 NewlandCloud.cfg 文件，如图 3-69 所示。

打开 NewlandCloud.cfg 文件进行设置，如图 3-70 所示。

图 3-68　Web.config 文件设置

图 3-69　NewlandCloud.cfg 文件位置

图 3-70　NewlandCloud.cfg 文件设置

配置完可看到云平台网页，如图 3-71 所示。

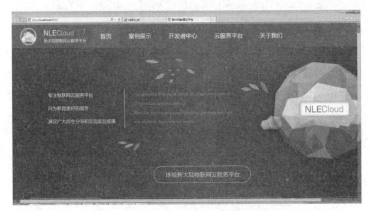

图 3-71　云平台网页

（2）发布 Web 服务

同理，可添加一个网站，发布 Web 服务。打开"Internet 信息服务（IIS）管理器"界面，添加一个网站，选择"网站"→"添加网站"命令，如添加的网站名称为"TStorehouse"，应用程序池为"ASP.NET v4.0"，物理路径指向"\行业基础实训平台-物流\Web 端\行业基础实训平台_v3.0.5.0"，绑定端口"8011"，如图 3-72 所示。

添加完网站后，进行配置，在"TStorehouse"上右击，在弹出的快捷菜单中选择"浏览"命令，找到 Web.config 文件位置，如图 3-73 所示。

图 3-72　Web 服务网站发布设置

图 3-73　Web.config 文件位置

打开 Web.config 文件进行设置，如图 3-74 所示。

图 3-74　Web.config 文件设置

Internet 信息服务（IIS）网站设置成功。配置完可看到 Web 服务端网页，如图 3-75 所示。

图 3-75　Web 服务端网页

5. PC 端环境配置

（1）关闭系统防火墙（参照前面所述步骤）。

（2）安装 Microsoft .NET Framework 4（参照前面所述步骤）。

（3）安装行业基础实训平台。

双击打开行业基础实训平台安装包，弹出安装向导，如图 3-76 所示。单击"下一步"按钮弹出选择安装文件夹界面，如图 3-77 所示。

图 3-76　安装向导

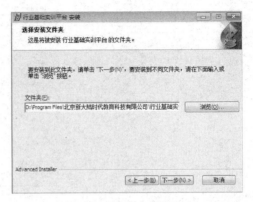

图 3-77　选择安装文件夹

单击"下一步"按钮，进入准备安装界面，如图 3-78 所示。单击"安装"按钮进行安装，如图 3-79 所示。

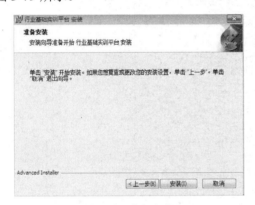

图 3-78　准备安装

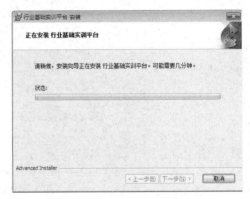

图 3-79　安装

安装完成之后单击"完成"按钮，如图 3-80 所示。安装成功后在计算机桌面自动生成快捷图标。双击快捷图标，打开 PC 客户端，如图 3-81 所示。

图 3-80　安装完成

图 3-81　PC 客户端

6. 安卓端环境配置

在移动工控终端（安卓端）上安装软件有两种方式。方式一：将软件安装包复制到 U 盘上，将 U 盘插到移动工控终端的 USB 口上，然后打开移动工控终端找到 U 盘里的安装包，双击进行安装。方式二：将移动工控终端连接网络，通过 USB 线将移动工控终端连接至手机助理，直接通过手机助理进行软件安装，可将软件安装到所连接的移动工控终端上。

（四）检查、评估

请结合任务实施情况，进行检查互评，将目标达成情况填写在表 3-53 中。

表 3-53　任务实施情况互查表

任务实施情况互查表				
学习任务名称				
小组			姓名	
序号	任务完成目标			目标达成情况
1	能按时按要求完成任务	A：按时全部完成 B：未按时完成		
2	能按时按要求完成任务单填写	A：完整且正确 B：不完整		
3	能按规范操作步骤完成环境参数配置	A：规范且参数设置正确 B：不规范/参数部分错误		
4	能实现系统网络环境配置	A：全部实现 B：部分实现		
5	能实现系统数据库配置	A：全部实现 B：部分实现		
6	能实现系统云平台网页发布	A：全部实现 B：部分实现		
7	能实现系统 Web 服务端网页发布	A：全部实现 B：部分实现		
8	能完成 PC 端环境配置	A：全部完成 B：部分完成		
9	能完成安卓端环境配置	A：全部完成 B：部分完成		
评价人				

（五）任务优化

请结合任务评价情况进行任务优化，并将优化信息填写在表 3-54 中。

表 3-54　优化情况记录表

优化情况记录表			
序号	优化点	优化原因	优化方法

（六）整理设备工具和实训台

请对照设备清点整理检查单，检查和记录出现的问题，记录在表 3-55 中。

表 3-55 设备清点整理检查单

序号	设备名称	数量	检查记录	序号	设备名称	数量	检查记录
1	移动工控终端（PAD）	1		17	ZigBee 四通道模拟量采集器	1	
2	有线温湿度传感器	1		18	ADAM-4150 数字量采集器	1	
3	有线光照传感器	1		19	条码打印机	1	
4	有线人体红外传感器	1		20	超高频 UHF 阅读器	1	
5	光照传感器	1		21	低频读卡器	1	
6	温湿度传感器	1		22	条码扫描枪	1	
7	人体红外传感器	1		23	USB 转串口线	1	
8	可燃气体传感器	1		24	USB 数据线	4	
9	空气质量传感器	1		25	ZigBee 智能节点盒充电器	1	
10	火焰传感器	1		26	低频射频卡	3	
11	ZigBee 继电器	1		27	超高频 UHF 电子标签	3	
12	双联继电器	4		28	ZigBee 读卡器及数据线	1	
13	风扇	1		29	钥匙扣	2	
14	LED 灯（灯泡+灯座）	1		30	IoT 工具箱	2	
15	ZigBee 智能节点盒	1		31	网线	2	
16	物联网智能网关	1		32	各设备配套电源线和数据线		
缺损记录							
计算机和移动工控终端电源是否关闭							
实训台电源是否关闭							
ZigBee 模块电源是否关闭							
实训台桌面是否整理清洁							
工具箱是否已经整理归位							

三、任务学习评价反馈

请结合学习任务完成情况及任务学习评价标准参考表（见表 3-56）进行自评、互评、师评和综合评价，评价情况填入表 3-57 中，并将综合评价结果填到表 3-48 中。其中，各评价的权重分别是：自评占 20%、互评占 20%、师评占 60%，即综合评价=自评×20%+互评×20%+师评×60%。

表 3-56 任务学习评价标准参考表

目标类型	序号	评价指标	评价标准	分数	评价标准	分数	评价标准	分数
			任务学习评价标准参考表					
知识目标	K1	能简述系统局域网组网要求	正确完整	5	部分正确	2	不能	0
	K2	能简述环境配置的作用	正确完整	5	部分正确	2	不能	0
	K3	能简述局域网内 IP 地址设置要点	正确完整	5	部分正确	2	不能	0
能力目标	S1	能正确连接系统内的局域网设备	正确完整	5	部分正确	2	不能	0
	S2	能正确配置路由器参数	正确完整	5	部分正确	2	不能	0
	S3	能正确配置网关的网络参数	正确完整	5	部分正确	2	不能	0
	S4	能正确配置 PC 端网络参数	正确完整	5	部分正确	2	不能	0
	S5	能正确添加服务端数据库	正确完整	5	部分正确	2	不能	0
	S6	能正确运用 IIS 发布云平台网页	正确完整	5	部分正确	2	不能	0
	S7	能正确运用 IIS 发布 Web 服务端网页	正确完整	5	部分正确	2	不能	0
	S8	能正确配置 PC 端环境	正确完整	5	部分正确	2	不能	0
	S9	能正确配置安卓端环境	正确完整	5	部分正确	2	不能	0
	S10	能检查和排除常见环境配置故障	正确完整	5	部分正确	2	不能	0
素质目标	Q1	能按 6S 规范进行实训台整理	规范	5	不规范	2	未做	0
	Q2	能按规范标准进行系统和设备操作	规范	5	不规范	2	未做	0
	Q3	能按要求做好任务记录和填写任务单	完整	5	不完整	2	未做	0
	Q4	能按时按要求完成学习任务	按时完成	5	补做	2	未做	0
	Q5	能与小组成员协作完成学习任务	充分参与	5	不参与	0		
	Q6	能结合评价表进行个人学习目标达成情况评价和反思	充分参与	4	不参与	0		
	Q7	能积极参与课堂教学活动	充分参与	3	不参与	0		
	Q8	能积极主动进行课前预习和课后拓展练习	进行	3	未进行	0		

表 3-57 任务学习评价表

目标类型	序号	具体目标	分数	自评	互评	师评	综合评价
			任务学习评价表				
知识目标	K1	能简述系统局域网组网要求	5				
	K2	能简述环境配置的作用	5				
	K3	能简述局域网内 IP 地址设置要点	5				
能力目标	S1	能正确连接系统内的局域网设备	5				
	S2	能正确配置路由器参数	5				
	S3	能正确配置网关的网络参数	5				
	S4	能正确配置 PC 端网络参数	5				
	S5	能正确添加服务端数据库	5				
	S6	能正确运用 IIS 发布云平台网页	5				

续表

目标类型	序号	具体目标	分数	自评	互评	师评	综合评价
		任务学习评价表					
能力目标	S7	能正确运用 IIS 发布 Web 服务端网页	5				
	S8	能正确配置 PC 端环境	5				
	S9	能正确配置安卓端环境	5				
	S10	能检查和排除常见环境配置故障	5				
素质目标	Q1	能按 6S 规范进行实训台整理	5				
	Q2	能按规范标准进行系统和设备操作	5				
	Q3	能按要求做好任务记录和填写任务单	5				
	Q4	能按时按要求完成学习任务	5				
	Q5	能与小组成员协作完成学习任务	5				
	Q6	能结合评价表进行个人学习目标达成情况评价和反思	4				
	Q7	能积极参与课堂教学活动	3				
	Q8	能积极主动进行课前预习和课后拓展练习	3				
项目总评							
评价人							

四、任务学习总结与反思

请结合任务学习情况，进行学习反思和总结，写出在知识、能力、素质三个方面的学习事实、学习收获、存在问题及未来计划努力方向，填写在表 3-58 中。

表 3-58　4F 反思总结表

4F 反思总结表	知识	能力	素质
Facts 事实（学习）			
Feelings 感受（收获）			
Finds 发现（问题）			
Future 未来（计划）			

五、任务学习拓展练习

以下是 2023 年全国职业院校技能大赛"物联网应用开发"赛项中的系统网络环境配置训练题，请结合本节的学习内容及实训台硬件设备进行拓展练习。

（一）局域网络的连接部署

路由器的管理地址为 http://192.168.1.1 或指定地址，如果无法进入路由器管理界面，需自行将路由器恢复出厂设置，再访问管理地址并重新设定管理密码后，方可进入管理界面。

任务要求：

（1）现场将提供一根专门的网线用于连接到物联网云服务系统（访问地址为 http://192.168.0.138），该网线需连接到路由器的 WAN 口上。按照表 3-59 中所示路由器的上网设置完成 WAN 口的配置、无线网络配置、LAN 口 IP 地址设置。

表 3-59　路由器的上网设置

WAN 口的配置		
序号	网络配置项	网络配置内容
1	WAN 口连接类型	固定 IP 地址
2	IP 地址	192.168.0.工位号
3	子网掩码	255.255.255.0
4	网关地址	192.168.0.254
无线网络配置要求		
序号	网络配置项	网络配置内容
1	无线网络功能	关闭无线网络
路由器 LAN 口 IP 地址设置要求		
序号	网络配置项	网络配置内容
1	LAN 口 IP 地址	手动
2	IP 地址	172.18.工位号.1
3	子网掩码	255.255.255.0

（2）将路由器、交换机、计算机、物联网应用开发终端、串口服务器、网络摄像头、物联网中心网关等设备组成局域网，并确保整个网络畅通，如路由器 LAN 口数量不足，可使用交换机扩展 LAN 口的数量。

完成以上任务后进行以下操作。

（1）WAN 口配置完成后，将 WAN 口配置界面截图另存，要求截图中可以看到要求配置的信息。

（2）无线网络配置完成后，将路由器已关闭无线网络功能的界面截图另存，要求截图中可以看到关闭了无线网络功能。

（3）LAN 口配置完成后，将路由器的 LAN 口配置界面截图另存，要求截图中可以看到要求配置的信息。

（二）局域网各设备 IP 地址配置

（1）按照表 3-60 所示的内容完成对局域网中各个网络设备 IP 地址、子网掩码、网关地址等的设定，并保证各个网络设备的通畅。各设备网络接口方式自行设定。

表 3-60　配置要求

序号	设备名称	配置内容
1	服务器	IP 地址：172.18.工位号.11
2	工作站	IP 地址：172.18.工位号.12
3	网络摄像头	IP 地址：172.18.工位号.13
4	物联网应用开发终端	IP 地址：172.18.工位号.14
5	串口服务器	IP 地址：172.18.工位号.15
6	物联网中心网关	IP 地址：172.18.工位号.16
7	虚拟机 Ubuntu 系统	IP 地址：172.18.工位号.17
8	IoT 数据采集网关 1	IP 地址：172.18.工位号.18
9	IoT 数据采集网关 2	IP 地址：172.18.工位号.19

（2）利用 IP 地址扫描工具，扫描局域网中各终端 IP 地址。

完成以上任务后，将 IP 地址扫描结果截图另存，要求检测出除 Ubuntu 系统外要求配置的其他 IP 地址。

六、任务学习相关知识点

（一）IP 地址查询方法

1. 使用命令提示符查询 IP 地址

计算机局域网中的 IP 地址如何查询？使用命令提示符是一个比较直接的方法。

（1）按下 Win＋R 组合键，打开运行窗口，输入"cmd"并回车，打开命令提示符窗口。

（2）在命令提示符窗口中输入"copy code"后回车。

（3）接着输入"ipconfig"并回车。

（4）在输出结果中，查找以太网适配器或无线局域网适配器部分，在其中找到 IPv4 地址，就是计算机的 IP 地址，如图 3-82 所示。

2. 使用网络和共享中心查询 IP 地址

在网络和共享中心中也可以查找到计算机 IP 地址的相关信息。

（1）右击任务栏上的网络连接图标，然后选择"打开网络和 Internet"命令。

（2）在打开的界面中单击当前连接的网络名称后单击"详细信息"，即可看到计算机的 IP 地址，如图 3-83 所示。

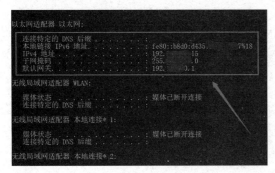

图 3-82　计算机 IP 地址显示 1

图 3-83　计算机 IP 地址显示 2

3. 使用"Windows 设置"查询 IP 地址

想知道计算机的 IP 地址，在"Windows 设置"中查询也是一种比较简单的方法。

（1）按下 Win+I 组合键，打开 Windows 设置界面。

（2）在 Windows 设置界面中，选择"网络和 Internet"，如图 3-84 所示。

（3）在打开的界面的左侧菜单中，选择"Wi-Fi"或"以太网"，然后在右侧窗口中选择"更改适配器"选项。

（4）在打开的界面中右击当前的网络连接，然后在弹出的快捷菜单中选择"状态"命令，在新界面中单击"详细信息"即可查看。

图 3-84　网络和 Internet

4. 使用控制面板查询 IP 地址

控制面板是计算机中一个很实用的工具，在控制面板中可以查询计算机 IP 地址。

（1）按下 Win + X 组合键，选择"控制面板"。

（2）在控制面板中，选择"网络和共享中心"，如图 3-85 所示。

图 3-85　网络和共享中心

（3）在打开的界面中，单击当前连接的网络名称。

（4）单击"详细信息"按钮，便可查询本机 IP 地址，如图 3-86 所示。

图 3-86　详细信息

（二）IIS

IIS 是由微软公司开发的 Web 服务器应用程序。IIS 提供了一个可靠、高效和安全的 Web 服务器环境，可用于托管 ASP.NET、PHP、静态 HTML 网站等各种 Web 应用程序。

IIS 支持多个网站和应用程序在同一台服务器上运行，并提供可靠的 Web 应用程序部署和管理工具，方便管理员进行管理。

IIS 除提供 Web 服务、FTP 服务、SMTP 服务外，还支持 ASP.NET、PHP、CGI 等多种 Web 开发技术，可以满足各种不同 Web 应用场景的需要。

安装 IIS 需要按照以下步骤进行。

（1）打开控制面板：在 Windows 操作系统中，可以通过"开始"菜单或搜索栏打开控制面板。

（2）添加或删除程序：在控制面板中，选择"程序和功能"，然后选择"打开或关闭 Windows 功能"，如图 3-87 所示。

（3）启用 IIS：在 Windows 功能列表中，勾选"Internet Information Services 可承载的 Web 核心"复选框，再将"Internet 信息服务"里面所有选项全部勾选，如图 3-88 所示。

图 3-87　打开或关闭 Windows 功能　　　　图 3-88　Internet 信息服务选择

（4）安装 IIS：勾选"Internet Information Services 可承载的 Web 核心"复选框后，系统会提示安装 IIS 所需的其他组件，根据需要选择所需组件并安装。

（5）配置 IIS：安装完成后，打开 IIS 管理器，可以通过"开始"菜单或搜索栏找到，如图 3-89 所示。

（6）测试 IIS：安装和配置 IIS 后，可以通过浏览器访问本地主机上的网站，以验证 IIS 是否正确安装和配置。

（三）安装 Microsoft.NET Framework 4

Microsoft.NET Framework 4 是用于 Windows 的新托管代码编程模型，可用于创建任意基于 Windows 系统的应用程序，支持各种业务流程，是程序开发中必不可少的工具。其是一个多语言组件开发和执行环境，提供了跨语言的统一编程环境。

双击安装文件 doNetFx40_Full_x86_x64.exe 进行安装。打开安装文件后，在出现的安装界面中勾选"我已阅读并接受许可条款"复选框，如图 3-90 所示。

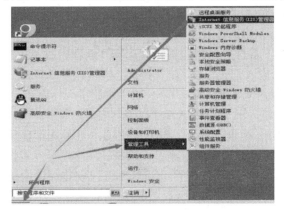

图 3-89　Internet 信息服务设置成功

图 3-90　安装许可

单击"安装"按钮开始安装，并显示安装进度，如图 3-91 所示。安装完毕后单击"完成"按钮，如图 3-92 所示。

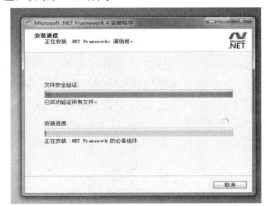

图 3-91　安装进度

图 3-92　安装完毕

（四）安装和配置 SQL Server 2008 软件

双击安装文件，提示存在兼容性问题，单击"运行程序"按钮开始 SQL Server 2008 的安装。进入 SQL Server 安装中心后选择左侧列表中的"安装"。

选择"全新 SQL Server 独立安装或向现有安装添加功能"，再次出现兼容性问题提示。选择"运行程序"后进入"安装程序支持规则"界面，安装程序将自动检测安装环境支持情况，需要保证所有条件通过后才能进行下面的安装。当所有检测都通过后，单击"确定"按钮进行下一步安装。

进入"产品密钥"界面，输入产品密钥。单击"下一步"按钮进入"许可条款"界面，勾选"我接受许可条款"复选框才能继续下一步安装。单击"下一步"按钮进入"安装程序支持文件"界面，检测安装 SQL Server 2008 所需要的组件。

单击"安装"按钮，当检测都通过之后才能继续下一步安装，如果出现未通过错误，需要更正所有错误后才能继续。单击"下一步"按钮进入"安装类型"界面，默认选择"执行 SQL Server 2008 的全新安装"。

单击"下一步"按钮进入"功能选择"界面，单击"全选"按钮，"共享功能目录"保持默认状态。单击"下一步"按钮进入"实例配置"界面，选择"默认实例"。

单击"下一步"按钮进入"磁盘空间要求"界面，会显示磁盘使用情况。单击"下一步"按钮进入"服务器配置"界面，这里容易出错，单击"对所有 SQL Server 服务使用相同的账户"按钮，输入此 PC 的用户名和密码。

单击"下一步"按钮进入"数据库引擎配置"界面，身份验证模式选择"混合模式（SQL Server 身份验证和 Windows 身份验证）"，并在"输入密码"和"确认密码"中输入"123456"，单击"添加当前用户"按钮，添加到 SQL Server 管理员列表。单击"下一步"按钮进入"Analysis Services 配置"界面，单击"添加当前用户"按钮，添加到账户管理权限列表。

单击"下一步"按钮进入"Reporting Services 配置"界面，选择"安装本机模式默认配置"。单击"下一步"按钮进入"错误和使用情况报告"界面，这里不选择。

单击"下一步"按钮进入"安装规则"界面，根据功能配置选择再次进行安装环境的检测。单击"下一步"按钮进入"准备安装"界面，当检测通过后，会列出所有配置信息，最后一次确认安装。

单击"安装"按钮进入"安装进度"界面，安装过程可能持续 10～30 分钟。当安装完成后，将列出各功能安装状态。

此时 SQL Server 2008 安装完成，并将安装日志保存在了指定路径。

（五）局域网

局域网将一定区域内的各种计算机、外部设备和数据库连接起来形成计算机通信网，通过专用数据线路与其他地方的局域网或数据库连接，形成更大范围的信息处理系统。局域网通过网络传输介质将网络服务器、网络工作站、打印机等网络互联设备连接起来，实现系统管理文件，共享应用软件、办公设备，发送工作日程安排等通信服务。

局域网内各设备的 IP 地址具有以下特点。

（1）唯一性：每个设备在同一时间只能有一个 IP 地址，这个地址是唯一的，用于标识设备在网络中的位置。IPv4 地址为 32 位二进制数，范围是 0.0.0.0～255.255.255.255。

（2）分配方式：IP 地址可以通过静态分配或动态分配来获取。静态分配是指由管理员手动分配，动态分配是指通过 DHCP 服务器自动分配。

（3）子网掩码：子网掩码用于划分网络地址和主机地址。子网掩码的长度决定了网络地址和主机地址的划分方式。

（4）路由：IP 地址的路由功能是指将数据包从源地址发送到目的地址。路由器根据目的地址的网络部分来决定将数据包发送到哪个网络，从而实现数据包的传输。

（六）路由器设置

路由器型号众多，可以根据不同型号路由器的 IP 地址进行配置。实训平台上有两种路由器，本节介绍的是其中一种，如果路由器系统界面如图 3-93 所示，请按照以下方式进行配置。

该款路由器默认出厂 IP 地址为：192.168.1.1，登录的用户名为：admin，密码为：admin，如果信息被改动导致登录失败，可通过对路由器进行恢复出厂设置操作，使其恢复原始配置。

1. 路由器网页登录

需进入配置界面对路由器进行相应设置。使用一根网线将计算机连接到路由器的 LAN 口，在 PC 上打开 IE 浏览器，输入路由器的地址（如 http://192.168.1.1/），进入登录界面，输入用户名：admin，密码：admin，成功登录后进入路由器的配置界面，如图 3-94 所示。

图 3-93　路由器系统界面

2．一键设置

一键设置可快速进行路由器 Internet 连接（WAN 口）设置及无线信息设置。

（1）进入"一键设置"界面，如图 3-95 所示。

图 3-94　路由器配置　　　　　　　　　　　图 3-95　一键设置

（2）单击"下一步"按钮，进入 WAN 口类型选择界面，如有必要设置 WAN 口，可根据 Internet 连接情况进行设置，如无特殊需要，可不进行 WAN 口设置，此处选择"静态 IP 地址"，如图 3-96 所示。

（3）单击"下一步"按钮，进行静态 IP 地址设置，根据实际的 WAN 口连接网络的信息进行设置，如图 3-97 所示。

图 3-96　类型选择　　　　　　　　　　　图 3-97　静态 IP 地址设置

（4）单击"下一步"按钮，进行"无线设置"，无线网络名称（SSID）根据个人需要设定，安全模式禁用的情况下，设置的无线网络没有密码，为了保证无线网络安全，可将安全模式选择"WPA",认证模式选择"WPA/WPA2-个人",WPA 算法选择"AES",AES 相对于 TKIP 更安全,密码可根据个人需要进行设置,可以是 8～63 个 ASCII 字符或 64 个 16 进制字符（0～9、a～f、A～F）,如图 3-98 所示。

（5）单击"下一步"按钮,设置完成,单击"重启"按钮进行路由器重启操作,如图 3-99 所示。

图 3-98　无线设置　　　　　　　　　　　图 3-99　重启

3. 网络设置

（1）WAN 口设置

主要设置路由器的 Internet 连接信息,也就是路由器硬件上方 WAN 口的配置信息。广域网设置分为动态 IP 地址、静态 IP 地址、PPPoE 3 种类型,其中"静态 IP 地址"设置可参考图 3-100。

（2）LAN 口设置

主要设置路由器硬件上方 LAN 口的配置信息。设置完 LAN 口,路由器将构建小型的局域网,外部设备接入,将以路由器的 IP 地址作为网关。LAN 口需要进行 IP 地址、子网掩码设置,其他为默认配置,具体可参考图 3-101。

图 3-100　WAN 口设置　　　　　　　　　图 3-101　LAN 口设置

（3）DHCP 设置

主要决定路由器是否可为接入设备动态分配 IP 地址,一般情况下采用默认配置,如图 3-102 所示。

4. 无线设置

主要为路由器设置一个 WiFi,便于其他设备使用 WiFi 方式连入局域网,无线设置需要配置无线网络名称及加密方式。

（1）选择"无线设置"→"基本设置",进行网络名称（SSID）设置,其他为默认配置,如图 3-103 所示。

图 3-102　DHCP 设置

图 3-103　无线网络名称设置

（2）选择"无线设置"→"安全设置"，进行无线网络加密方式设置，可根据个人需要进行设置。SSID 也就是无线网络的名称是在基本设置中配置好的，安全模式选择"WPA"，身份验证模式选择"WPA-个人"，WPA 算法选择"AES"，AES 相对于 TKIP 更安全，密码可根据个人需要进行设置，可以是 8～63 个 ASCII 字符或 16 进制字符（0～9、a～f、A～F），如图 3-104 所示。

5. 恢复出厂设置

路由器恢复出厂设置的方式有两种，一种是通过网页进行恢复，另一种是通过路由器硬件上的重置按键进行恢复，如图 3-105 所示。

（1）通过网页进行恢复。登录路由器，选择"系统管理"→"系统设置"，单击"恢复"按钮，即可将路由器恢复出厂设置。

（2）长按（10s 左右）路由器的重置按键 Reset，直到所有的灯都先亮再灭，可使其恢复出厂设置。

图 3-104　无线网络安全设置

图 3-105　恢复出厂设置

3.2.4　智慧物流仓储管理系统无线传感网配置与调试

一、任务目标

（一）任务描述

在智慧物流仓储管理系统中，为实现实时的远程智能化、自动化监控，通常采用 ZigBee 无线传感网进行传感器数据采集和执行器的控制。

（二）学习目标

在任务学习过程中，将完成智慧物流仓储管理系统方案设计，要达成的学习目标如表 3-61 所示。

表 3-61　学习目标

目标类型	序号	学习目标
知识目标	K1	能简述 ZigBee 技术的概念、主要特点
	K2	能复述各 ZigBee 设备的功能
	K3	能简述无线传感网组网时 PAN ID 和信道设置要点
能力目标	S1	能识别和区分各 ZigBee 设备（传感器/执行器）
	S2	能正确配置 ZigBee 设备组网时需要的网关参数
	S3	能正确配置 ZigBee 设备烧写、下载参数并完成代码烧写、下载
	S4	能正确配置 ZigBee 设备组网参数并完成各 ZigBee 设备的组网
	S5	能在网关实时监测界面正确识读各 ZigBee 设备工作状态和工作数据
	S6	能辨识 ZigBee 设备组网失败现象及原因，并排除故障完成调试
素质目标	Q1	能按 6S 规范进行实训台整理
	Q2	能按规范标准进行系统和设备操作
	Q3	能按要求做好任务记录和填写任务单
	Q4	能按时按要求完成学习任务
	Q5	能与小组成员协作完成学习任务
	Q6	能结合评价表进行个人学习目标达成情况评价和反思
	Q7	能积极参与课堂教学活动
	Q8	能积极主动进行课前预习和课后拓展练习

（三）任务单

请按任务实施步骤完成学习任务，填写表 3-62 中各项内容。

表 3-62　智慧物流仓储管理系统 ZigBee 设备配置与调试任务单

智慧物流仓储管理系统 ZigBee 设备配置与调试任务单			
小组序号和名称		组内角色	
小组成员			
任务准备			
1. PC			
2. IoT 实训台			
3. IoT 系统设备箱			
4. IoT 系统软件包			
5. IoT 系统工具包			
6. 加入在线班级			

续表

任务实施	
智慧物流仓储管理系统 ZigBee 设备配置与调试目标	
智慧物流仓储管理系统 ZigBee 设备组成	
智慧物流仓储管理系统 ZigBee 设备配置流程	
ZigBee 设备配置和调试过程中遇到的故障记录	
故障现象	解决方法
总结 ZigBee 设备配置与调试过程中的注意事项和建议	

目标达成情况	知识目标		能力目标		素质目标	
综合评价结果						

二、任务实施

请按照如下流程完成当前学习任务。

（一）资讯

小提示：在智慧物流仓储管理系统中，运用多个 ZigBee 传感器和执行器进行火焰、可燃气体、温湿度、光照、人体、继电器等的监测和控制，实现环境监测和安防监控。所有的 ZigBee 设备都可以与网关直接进行无线组网和通信。在该学习任务中，需要完成 ZigBee 传感器和执行器两种设备与网关的配置与调试，最终实现 ZigBee 传感器和执行器与网关的无线数据传输与控制。

（二）计划、决策

引导问题：参考智慧物流仓储管理系统的硬件连接图，请在表 3-63 中列出需要进行配置的 ZigBee 设备。

表 3-63　ZigBee 设备确认任务单

ZigBee 设备确认任务单			
序号	传感器	序号	执行器
1		1	
2		2	
3		3	
4		4	
5		5	
6		6	
7		7	

续表

ZigBee 设备确认任务单			
序号	传感器	序号	执行器
8		8	
9		9	
10		10	

引导问题：请查看物联网智慧应用系统设备及模块介绍资料，并依据智慧物流仓储管理系统的功能实现情况选择需要配置的 ZigBee 设备，在表 3-64 中选择需要使用的设备及数量。

表 3-64　ZigBee 设备选择任务单

序号	设备名称	设备图片	选择数量	序号	设备名称	设备图片	选择数量
1	移动 ZigBee 底板			11	执行器		
2	移动 ZigBee 底板外接电源			12	有线人体红外传感器		
3	可燃气体传感器			13	有线光照传感器		
4	光照传感器			14	有线温湿度传感器		
5	温湿度传感器			15	双联继电器		
6	空气质量传感器			16	风扇		
7	人体红外传感器			17	LED 灯座		
8	火焰传感器			18	LED 灯泡		
9	风向传感器			19	烟雾传感器		
10	雨滴湿度传感器			20	LED 报警灯		

（三）实施

请按以下步骤完成系统的无线传感网配置，并在完成任务后填写表 3-65。

表 3-65　智慧物流仓储管理系统 ZigBee 设备配置与调试记录表

设备名称	配置参数					运行结果
	串口	波特率	PAN ID	Channel ID	传感器类型	
传感器						
	串口	波特率	PAN ID	Channel ID	序列号	
执行器						

1. 网关参数设置

小提示：网关既可以用于广域网互联，也可以用于局域网互联，用在不同的通信协议、数据格式或语言，甚至体系结构完全不同的两种系统之间，起协议、翻译器的作用。实训平台中的 NEWLAND 网关（见图 3-106）集成了有线网络、WiFi、ZigBee 无线传感网、RS-485 等数据传输协议和接口。

NEWLAND 网关中的无线传感网是以网关内嵌的 ZigBee 模块作为协调器、以外部配置的 ZigBee 模块作为节点（传感器节点或执行器节点）进行无线组网的。进行实时监测时，界面上显示的就是 ZigBee 模块所采集的传感器数据及执行器的控制开关，如图 3-107 所示。

图 3-106　NEWLAND 网关

图 3-107　NEWLAND 网关实时监测

引导问题：请设置各实训平台的 ZigBee 组网参数，Channel ID 和 PAN ID，填入表 3-66 中。注意各实训平台参数不得冲突，参数值不能超出设置范围。

表 3-66　网关协调器参数设置任务单

网关协调器参数设置任务单		
ZigBeee 组网参数	参数设置值	
	十进制数	十六进制数
Channel ID（11~26）		
PAN ID（0~65535）		

小提示 1：PAN ID 即网络 ID（网络标识符）。ZigBee 协议使用一个 16 位的个域网标识符（PAN ID）来标识一个网络。所有节点的 PAN ID 唯一，一个网络只有一个 PAN ID，它是由 PAN 协调器生成的。

小提示 2：Channel 即通常意义上所说的信道，2.4GHz 的 ZigBee 协议栈含有 16 个信道，信道 11（0x0b）~信道 26（0x1a）。信道由一个 32bit 数据来标识。

小提示 3：网关协调器参数设置是指进行协调器的 PAN ID 与 Channel ID 设置。在网关内部嵌入了一块 ZigBee 底板，作为协调器，与外部的 ZigBee 节点进行组网。网关的 Channel ID 与 ZigBee 底板上的 Channel ID 是一致的。这里要注意一点，网关上的 PAN ID 采用十进制数表示，而普通的 ZigBee 底板上的 PAN ID 采用十六进制数表示，所以在配置时，需将要组网的 ZigBee 节点上的 PAN ID 换算成十进制数后，再填写到网关上的 PAN ID 上。设置范例如表 3-67 所示。

表 3-67　PAN ID 参数设置范例

PAN ID 参数设置范例	
ZigBeee 组网参数	网关协调器配置参数
十六进制数	十进制数
001A	26

2. 传感器代码的烧写、下载

（1）烧写准备

传感器代码烧写需要准备烧写软件、烧写代码文件和烧写器，如表 3-68 所示。

表 3-68　传感器代码烧写准备清单

传感器代码烧写准备清单		
烧写软件	烧写代码文件	烧写器
SmartRF Flash Programmer	sensor.hex	

小提示：如 PC 端未安装烧写软件 SmartRF Flash Programmer，请在软件安装包中运行 Setup_SmartRFProgr.exe，安装成功后右击，在弹出的快捷菜单中选择"以管理员身份运行"命令。

如果系统没有提供传感器的执行代码，可以自行运用 IAR 软件按 ZigBee 工作要求进行代码编写，调试成功后生成.hex 文件。烧写器型号众多，使用方法大同小异。

（2）设备连接

将需要组网的传感器与 ZigBee 底板连接，将烧写器排线按指示方向插入 ZigBee 底板，确保连接正确，再用专用 USB 数据线将烧写器与 PC 相连，如图 3-108 所示。

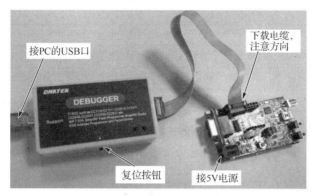

图 3-108　ZigBee 底板与烧写器连接

（3）代码的烧写、下载

运行 SmartRF Flash Programmer 程序，按下烧写器侧面的连接按钮，将 ZigBee 底板与 PC 相连，烧写软件界面会显示连接参数（如下载失败或连接失败，请按烧写器的复位按钮，或重新连接 USB 数据线）；再选择需要烧写、下载的传感器代码文件 sensor.hex；单击"Perform actions"按钮进行烧写、下载，当烧写、下载进度条满格时，烧写、下载完成，烧写、下载结束后关闭模块电源。烧写软件界面如图 3-109 所示。

3．传感器的组网与调试

（1）组网工具准备

组网需要使用配置工具。如 PC 端未安装组网软件，请从软件安装包安装。

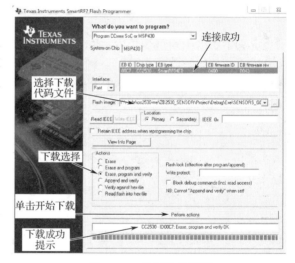

图 3-109　烧写软件界面

（2）硬件连接

用 USB 数据线将 ZigBee 传感器与 PC 相连，并开启 ZigBee 模块电源。

（3）设置组网参数

进行 ZigBee 传感器组网参数设置，请根据实训平台进行参数设置，将具体参数值填入表 3-69 中。

表 3-69　ZigBee 传感器组网参数设置任务单

ZigBee 传感器组网参数设置任务单		
参数	设置值	操作提示及注意事项
串口		按实训平台进行设置。通过 PC 设备管理器进行连接端口查找，每次更换数据线、USB 接口和 ZigBee 模块时注意重新确认连接端口号是否发生改变
波特率	38400bit/s	ZigBee 传感器组网时波特率统一为 38400bit/s。

续表

ZigBee 传感器组网参数设置任务单		
参数	设置值	操作提示及注意事项
Channel ID（11~26）		按网关协调器参数进行设置，注意必须为十进制数
PAN ID（0~65535）		按网关协调器参数进行设置，注意必须为十进制数
序列号		可以不设置，也可以自行设置
传感器类型		按具体传感器类型进行设置
其他传感器		可以不设置

小提示：必须把协调器、传感器 PAN ID 及 Channel ID 设置成同样的参数，按网关协调器参数进行设置，注意必须使用十六进制数。

四通道 ZigBee 传感器组网时，传感器类型选择"四通道电流"，其他 ZigBee 传感器直接按传感器类型进行设置，如图 3-110 所示。

（4）组网与调试

在 ZigBee 组网参数设置界面，先单击"连接模组"按钮，如图 3-111 所示。连接成功后会出现"传感器"和"断开连接"提示及红色小灯的连接成功指示，如图 3-112 所示。如连接不成功请检查串口选择是否正确，波特率是否设置为 38400bit/s，ZigBee 传感器是否已经成功完成对应代码下载，也可以尝试重新打开组网软件或者重新连接 ZigBee 传感器。

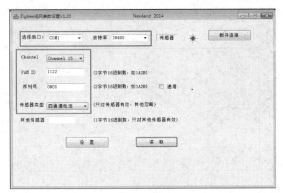

图 3-110　四通道 ZigBee 传感器组网参数设置

图 3-111　连接模组

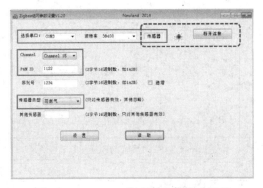

图 3-112　ZigBee 传感器连接成功指示

ZigBee 传感器连接成功后单击"设置"按钮，设置成功后，单击"读取"按钮，如能读取成功，便成功完成该 ZigBee 传感器的组网。关掉电源，拔掉 ZigBee 组网 USB 数据线，再开启电源，ZigBee 传感器上会出现一个黄色小灯常亮、一个黄色小灯单灯闪烁。如传感器组网不成功，ZigBee 传感器上会出现两个黄色小灯闪烁，请确认检查代码烧写、组网参数设置、硬件连接情况后进行多次尝试。按以上方法完成所有 ZigBee 传感器的配置、调试和组网。

4. 执行器代码烧写

（1）烧写软件准备

执行器代码烧写需要准备烧写软件、烧写代码文件、烧写器，如表 3-70 所示。

表 3-70　执行器代码烧写准备清单

执行器代码烧写准备清单		
烧写软件	烧写代码文件	烧写器
![SmartRF Flash Programmer]	relay.hex	

（2）设备连接

将需要组网的执行器与 ZigBee 底板连接，将烧写器排线按指示方向插入 ZigBee 底板，确保连接正确，再用专用 USB 数据线将烧写器与 PC 相连。

（3）代码烧写、下载

运行 SmartRF Flash Programmer 程序，按下烧写器侧面的连接按钮，将 ZigBee 底板与 PC 相连，烧写软件界面会显示连接参数（如下载失败或连接失败，请按烧写器的复位按钮，或重新连接 USB 数据线）；再选择需要烧写、下载的执行器代码文件 relay.hex；单击 "Perform actions" 按钮进行烧写、下载，当烧写、下载进度条满格时，烧写、下载完成，烧写、下载结束后关闭模块电源。

5. 执行器的组网与调试

（1）组网工具准备

组网需要使用配置工具。

（2）硬件连接

用 USB 数据线将 ZigBee 执行器与 PC 相连，并开启 ZigBee 模块电源。

（3）设置组网参数

进行 ZigBee 执行器组网参数设置，请根据实训平台进行参数设置，将具体参数值填入表 3-71 中。

表 3-71　ZigBee 执行器组网参数设置任务单

ZigBee 执行器组网参数设置任务单		
参数	设置值	操作提示及注意事项
串口		按实训平台进行设置。通过 PC 设备管理器进行连接端口查找，每次更换数据线、USB 接口和 ZigBee 模块时注意重新确认连接端口号是否发生改变
波特率	9600bit/s	ZigBee 执行器组网时波特率统一为 9600bit/s
Channel ID（11～26）		按网关协调器参数进行设置，注意必须为十进制数
PAN ID（0～65535）		按网关协调器参数进行设置，注意必须为十进制数
序列号		数值范围为 0001～0005
传感器类型		可以不设置
其他传感器		可以不设置

小提示： ZigBee 组网参数中，必须把协调器、执行器 PAN ID 及 Channel ID 设置成同样的参数，按网关协调器参数进行设置，注意必须使用十六进制数。同时序列号一定要设置，且数值范围为 0001~0005，如图 3-113 所示。

（4）组网与调试

在 ZigBee 组网参数设置界面，先单击"连接模组"按钮。连接成功后会出现"继电器"和"断开连接"提示及红色小灯的连接成功指示，如图 3-114 所示。如连接不成功请检查串口选择是否正确，波特率是否设置为 9600bit/s。

图 3-113　ZigBee 执行器组网参数设置　　　图 3-114　ZigBee 执行器组网成功界面

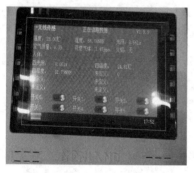

图 3-115　数据监测结果

ZigBee 继电器连接成功后单击"设置"按钮，设置成功后，单击"读取"按钮，如能读取成功，便成功完成该 ZigBee 继电器的组网。关掉电源，拔掉 ZigBee 组网 USB 数据线，再开启电源，会出现单个黄色小灯的闪烁。如继电器组网不成功，请确认检查代码烧写、组网参数设置、硬件连接情况后进行多次尝试。按以上方法完成所有 ZigBee 执行器的配置、调试和组网。

6. ZigBee 设备组网情况监测

全部设置完成后，进入网关实时监测界面，查看无线传感器，会显示传感器采集的数据和执行器开关，如图 3-115 所示，请将采集到的数据填入表 3-72。

表 3-72　智慧物流仓储管理系统仿真数据记录表

智慧物流仓储管理系统仿真数据记录表					
序号	设备名称	仿真结果	序号	设备名称	仿真结果
1	ZigBee 温度传感器		5	ZigBee 可燃气体传感器	
2	ZigBee 湿度传感器		6	ZigBee 空气质量传感器	
3	ZigBee 光照传感器		7	ZigBee 火焰传感器	
4	ZigBee 人体红外传感器		8		

（四）检查、评估

请结合任务实施情况，进行任务检查互评，将评价情况填写在表 3-73 中。

表 3-73　任务实施情况互查表

任务实施情况互查表				
学习任务名称				
小组			姓名	
序号	任务完成目标			目标达成情况
1	能按时按要求完成任务	A：按时全部完成 B：未按时完成		
2	能按时按要求完成任务单填写	A：完整且正确 B：不完整		
3	能按规范操作步骤完成 ZigBee 设备组网参数配置	A：规范且参数设置正确 B：不规范/参数部分错误		
4	能实现所有 ZigBee 设备组网	A：全部实现 B：部分实现		
5	能实现无线传感器数据实时采集	A：全部实现 B：部分实现		
6	能实现无线执行器实时控制	A：全部实现 B：部分实现		
评价人				

（五）任务优化

请结合任务评价情况进行任务优化，并将优化信息填写在表 3-74 中。

表 3-74　优化情况记录表

优化情况记录表			
序号	优化点	优化原因	优化方法

（六）整理设备工具和实训台

请对照设备清单，检查和记录出现的问题，填写在表 3-75 中。

表 3-75　实训台设备清点整理检查单

实训台设备清点整理检查单							
序号	设备名称	数量	检查记录	序号	设备名称	数量	检查记录
1	移动工控终端	1		17	ZigBee 四通道模拟量采集器	1	
2	有线温湿度传感器	1		18	ADAM-4150 数字量采集器	1	
3	有线光照传感器	1		19	条码打印机	1	
4	有线人体红外传感器	1		20	超高频 UHF 阅读器	1	
5	光照传感器	1		21	低频读卡器	1	

序号	设备名称	数量	检查记录	序号	设备名称	数量	检查记录
6	温湿度传感器	1		22	条码扫描枪	1	
7	人体红外传感器	1		23	USB 转串口线	1	
8	可燃气体传感器	1		24	USB 数据线	4	
9	空气质量传感器	1		25	ZigBee 智能节点盒充电器	1	
10	火焰传感器	1		26	低频射频卡	3	
11	单联继电器	1		27	超高频 UHF 电子标签	3	
12	双联继电器	4		28	ZigBee 烧写器及数据线	1	
13	风扇	1		29	钥匙扣	2	
14	LED 灯（灯泡+灯座）	1		30	IoT 工具箱	2	
15	ZigBee 智能节点盒	1		31	网线	2	
16	物联网智能网关	1		32	各设备配套电源线和数据线		
缺损记录							
计算机和移动工控终端电源是否关闭							
实训台电源是否关闭							
ZigBee 模块电源是否关闭							
实训台桌面是否整理清洁							
工具箱是否已经整理归位							

实训台设备清点整理检查单

三、任务学习评价反馈

请结合学习任务完成情况及任务学习评价标准参考表（见表 3-76）进行自评、互评、师评和综合评价，评价情况填入表 3-77 中，并将综合评价结果填到表 3-62 中。其中，各评价的权重分别是：自评占 20%、互评占 20%、师评占 60%，即综合评价=自评×20%+互评×20%+师评×60%。

表 3-76　任务学习评价标准参考表

目标类型	序号	评价指标	评价标准	分数	评价标准	分数	评价标准	分数
知识目标	K1	能简述 ZigBee 技术的概念、主要特点	正确完整	10	部分正确	5	不能	0
	K2	能复述各 ZigBee 设备的功能	正确完整	10	部分正确	5	不能	0
	K3	能简述无线传感网组网时 PAN ID 和信道设置要点	正确完整	10	部分正确	5	不能	0
能力目标	S1	能识别和区分各 ZigBee 设备（传感器/执行器）	正确完整	5	部分正确	3	不能	0
	S2	能正确配置 ZigBee 设备组网时需要的网关参数	正确完整	5	部分正确	3	不能	0
	S3	能正确配置 ZigBee 设备烧写、下载参数并完成代码烧写、下载	正确完整	5	部分正确	3	不能	0

目标类型	序号	评价指标	评价标准	分数	评价标准	分数	评价标准	分数
		任务学习评价标准参考表						
能力目标	S4	能正确配置 ZigBee 设备组网参数并完成各 ZigBee 设备的组网	正确完整	5	部分正确	3	不能	0
	S5	能在网关实时监测界面正确识读各 ZigBee 设备工作状态和工作数据	正确完整	5	部分正确	3	不能	0
	S6	能辨识 ZigBee 设备组网失败现象及原因，并排除故障完成调试	正确完整	5	部分正确	3	不能	0
素质目标	Q1	能按 6S 规范进行实训台整理	规范	5	不规范	3	未做	0
	Q2	能按规范标准进行系统和设备操作	规范	5	不规范	3	未做	0
	Q3	能按要求做好任务记录和填写任务单	完整	5	不完整	3	未做	0
	Q4	能按时按要求完成学习任务	按时完成	5	补做	3	未做	0
	Q5	能与小组成员协作完成学习任务	充分参与	5	不参与	0		
	Q6	能结合评价表进行个人学习目标达成情况评价和反思	充分参与	5	不参与	0		
	Q7	能积极参与课堂教学活动	充分参与	5	不参与	0		
	Q8	能积极主动进行课前预习和课后拓展练习	进行	5	未进行	0		

表 3-77　任务学习评价表

目标类型	序号	具体目标	分数	自评	互评	师评	综合评价
		任务学习评价表					
知识目标	K1	能简述 ZigBee 技术的概念、主要特点	10				
	K2	能复述各 ZigBee 设备的功能	10				
	K3	能简述无线传感网组网时 PAN ID 和信道设置要点	10				
能力目标	S1	能识别和区分各 ZigBee 设备（传感器/执行器）	5				
	S2	能正确配置 ZigBee 设备组网时需要的网关参数	5				
	S3	能正确配置 ZigBee 设备烧写、下载参数并完成代码烧写、下载	5				
	S4	能正确配置 ZigBee 设备组网参数并完成各 ZigBee 设备的组网	5				
	S5	能在网关实时监测界面正确识读各 ZigBee 设备工作状态和工作数据	5				
	S6	能辨识 ZigBee 设备组网失败现象及原因，并排除故障完成调试	5				
素质目标	Q1	能按 6S 规范进行实训台整理	5				
	Q2	能按规范标准进行系统和设备操作	5				

续表

目标类型	序号	具体目标	分数	自评	互评	师评	综合评价
素质目标	Q3	能按要求做好任务记录和填写任务单	5				
	Q4	能按时按要求完成学习任务	5				
	Q5	能与小组成员协作完成学习任务	5				
	Q6	能结合评价表进行个人学习目标达成情况评价和反思	5				
	Q7	能积极参与课堂教学活动	5				
	Q8	能积极主动进行课前预习和课后拓展练习	5				
项目总评							
评价人							

任务学习目标达成评价表

四、任务学习总结与反思

请结合任务的学习情况，进行学习反思和总结，写出在知识、能力、素质三个方面的学习事实、学习收获、存在问题及未来计划努力方向，记录在表 3-78 中。

表 3-78 4F 反思总结表

4F 反思总结表			
	知识	能力	素质
Facts 事实（学习）			
Feelings 感受（收获）			
Finds 发现（问题）			
Future 未来（计划）			

五、任务学习拓展练习

以下是 2023 年全国职业院校技能大赛"物联网应用开发"赛项中的感知层设备安装与调试训练题，请结合本节的学习内容及实训台硬件设备进行拓展练习。

任务要求：参赛选手参考表 3-79 所给定的参数配置任务要求，完成对主控器、传感器、继电器的参数配置。

表 3-79 参数配置任务要求

设备	参数	值
所有模块	网络号（PAN ID）	1000+工位号×10
	信道号（Channel ID）	自行设定
	序列号	自行设定

六、任务学习相关知识点

（一）ZigBee 技术

ZigBee 主要用于距离短、功耗低且传输速率不高的各种电子设备之间的数据传输及典型的有周期性数据、间歇性数据和低反应时间的数据传输。

ZigBee 是一种高可靠性的无线数据传输网络，类似于 CDMA 和 GSM 网络。ZigBee 数据传输模块类似于移动网络基站，通信距离从标准的 75m 到几百米、几千米，并且支持无限扩展。

每个 ZigBee 网络节点不仅本身可以作为监控对象，例如利用其所连接的传感器直接进行数据采集和监控，还可以自动中转别的网络节点传过来的数据资料。除此之外，每一个 ZigBee 网络节点（FFD）还可在自己信号覆盖的范围内，和多个不承担网络信息中转任务的孤立的子节点（RFD）无线连接。

（二）ZigBee 模块

ZigBee 模块有很多种，如图 3-116 所示。

图 3-116　ZigBee 模块

对 ZigBee 模块烧写代码时也可以采用通用烧写、下载数据线，如图 3-117 所示。

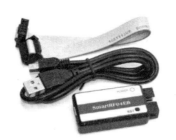

图 3-117　通用烧写、下载数据线及连接方式

（三）ZigBee 智能节点盒的烧写

将 3 个 ZigBee 智能节点盒分别烧写、下载传感器、协调器的代码，烧录的过程具体如下。

（1）将白色方形仿真器（烧写器）一端和 PC 连接，另外一端和 ZigBee 智能节点盒连接，如图 3-118 所示。

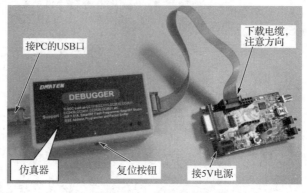

图 3-118　仿真器连接

（2）此时仿真器与 PC 及 ZigBee 传感器的连接已经全部完成，接下来打开 ZigBee 开关按钮（使用 USB 数据线给 ZigBee 智能节点盒供电或者智能节点盒内部供电）。

（3）打开软件安装包运行 Setup_SmartRFProgr.exe，安装完毕生成快捷图标，SmartRF Flash Programmer 的运行界面如图 3-119 所示。

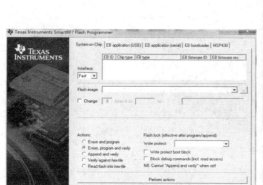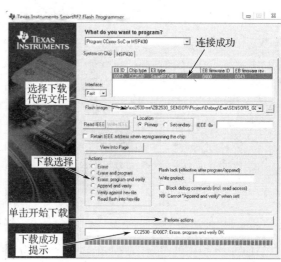

图 3-119　SmartRF Flash Programmer 运行界面

（4）按下仿真器上的复位按钮。注意：此时应有连接成功的提示，如果没有出现提示，则需要将仿真器与 ZigBee 模块的连接线改变方向，再插入，重新按下复位按钮。

（5）单击"Flash image"（闪存镜像）选择按钮，选择要烧写的.hex 文件。

ZigBee 传感器的烧写代码文件为"\烧写代码\ZigBee 组网\Sensor Route2.3.hex"（传感器与四通道输入）。

ZigBee 继电器的烧写代码文件为"\烧写代码\ZigBee 组网\relay2.3.hex"（继电器）。

ZigBee 协调器的烧写代码文件为"\烧写代码\ZigBee 组网\collector2.3.hex"（协调器）（如果不能识别设备，重新插拔识别，或者再次按下仿真器上的复位按钮）。

（6）在 Actions（动作）区域选择"Erase,program and verify"，动作区域的 6 种不同动作含义如下。

Erase：擦除，将擦除所选单片机的闪存，擦除过后，ZigBee 模块上的 LED 灯将全部灭掉。

Erase and program：擦除和编程，将擦除所选单片机的闪存，然后将.hex 文件中的内容写入到单片机的闪存中。

Erase,program and verify：擦除、编程和验证，擦除与 Erase and program 一样，但编程后会将单片机闪存中的内容重新读出来并与.hex 文件进行比较。使用这种动作可检测编程中的错误或因闪存损坏导致的错误，所以建议使用这种动作来对单片机进行编程。

Append and verify：追加和验证，不擦除单片机的闪存，从已有数据的最后位置开始将.hex 文件中的内容写入进去，完成后进行验证。

Verify against hex-file：验证.hex 文件，从单片机闪存中读取内容，与.hex 文件中的内容进行对比。

Read flash into hex-file：读闪存到.hex 文件，从单片机闪存中读取内容并写入到.hex 文件中。

单击"Perform actions"按钮，开始对 ZigBee 模块进行烧写，动作执行过程中会有进度条显示，并在执行完毕时给出如图 3-120 所示的提示，表示烧写成功。

此时三个 ZigBee 智能节点盒就是协调器、传感器、继电器。

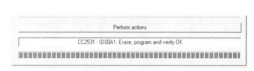

图 3-120　动作执行完毕

（四）常用传感器

1. 温湿度传感器

温湿度传感器（见图 3-121）多以温湿度一体式的探头作为测温元件，将温度和湿度信号采集出来，经过稳压滤波、运算放大、非线性校正、V/I 转换、恒流及反向保护等电路处理后，转换成与温度和湿度呈线性关系的电流信号或电压信号输出，也可以直接通过 RS-485 或 RS-232 等接口输出。

2. 土壤温湿度传感器

土壤温湿度传感器（见图 3-122）是由两个传感器组成的，分别是土壤水分传感器和土壤温度传感器。土壤温湿度关系着作物的生长，是农田作业的基础。

土壤温度传感器可以用来监测土壤、大气还有水的温度。土壤温度的高低，与作物的生长发育、肥料的分解和有机物的积聚等有着密切的关系，是农业生产中重要的环境因子。土壤温度也是小气候形成中一个极为重要的因子，故土壤温度的测量和研究是小气候观测和农业气象观测中的一项重要内容。

3. 光照传感器

光照传感器（见图 3-123）是一种用于检测光照强度的传感器，其工作原理是采用先进光电转换模块，将光照强度值转化为电压值，再经调理电路将电压值转换为 0～2V。

图 3-121　温湿度传感器

图 3-122　土壤温湿度传感器

图 3-123　光照传感器

4. 空气质量传感器

空气质量传感器（见图 3-124）也叫空气环境综合监测仪，主要用于监测温度、湿度、气压、光照强度、PM2.5、PM10、TVOC 等，还有氧气（O_2）、二氧化碳（CO_2）、一氧化碳（CO）、甲醛（CH_2O）等气体的浓度。

5. 烟雾传感器

烟雾传感器（又称烟雾报警器，见图 3-125），是通过监测烟雾的浓度来实现火灾防范的。离子式烟雾传感器是一种技术先进、工作稳定可靠的传感器，被广泛应用于各种消防报警系统中，性能远优于气敏电阻类的烟雾报警器。离子式烟雾传感器中的放射性物质能够产生电流，当烟雾中的烟粒子进入传感器时会扰乱电流，导致报警器发出报警声。光电式烟雾传感器会发出红外光束，当室内存在烟粒子时会有光束散射到感应器上，感应器感应到一定的光束之后会发出报警声。

图 3-124　空气质量传感器　　　　　　图 3-125　烟雾传感器

6. 火焰传感器

火焰传感器如图 3-126 所示。火焰是由各种燃烧生成物、中间物、高温气体、碳氢物质及无机物质为主体的高温固体微粒构成的混合物。火焰的热辐射分为具有离散光谱的气体辐射和具有连续光谱的固体辐射。不同燃烧物的火焰辐射强度、波长分布有所差异。

7. 雨滴传感器

雨滴传感器（见图 3-127）是一种传感装置，主要用于检测是否下雨及雨量的大小，广泛应用于汽车自动刮水系统、智能灯光系统和智能天窗系统等。

图 3-126　火焰传感器　　　　　　图 3-127　雨滴传感器

雨滴传感器主体是一块板子，其上面以线形形式涂覆镍。传感器部分是一个电阻偶极子，在潮湿时显示较小的电阻，而在干燥时显示较大的电阻。当板子上没有雨滴时，电阻增大，因此获得高电压。当出现雨滴时，电阻减小，因为水是电的导体，并且水的存在使镍线并联，因此降低了电阻及其两端的电压降。

（五）物联网网关

物联网网关可以实现感知网络与通信网络，以及不同类型感知网络之间的协议转换，支持不同的通信协议和接口。物联网网关既可以实现广域互联，也可以实现局域互联。此外物联网网关还具备设备管理功能，运营商可以通过物联网网关管理底层的各感知节点，了解各节点的相关信息，并实现远程控制。

随着物联网技术的快速发展，物联网网关在工业自动化、智慧城市、智慧水务等领域的应用越来越广泛。物联网网关可以连接多个智能设备、传感器和系统，并使它们相互通信和交换数据，具有协议转换、数据转发、数据处理和应用集成等功能，是物联网系统中的核心组件之一。

1. 物联网网关的功能和特点

数据聚合和处理：物联网网关可以收集多个设备的数据，并对这些数据进行处理和分析。例如，物联网摄像头、温湿度传感器等产生的数据可以被网关聚合并进行筛选、过滤、计算等操作，以便更好地理解和利用这些数据。

协议转换和适配：物联网中存在着多种通信协议和接口，这些设备之间的通信需要通过物联网网关进行协议转换和适配。例如，ZigBee、Z-Wave、WiFi 等设备可以通过物联网网关连接到同一个网络，并实现相互之间的通信。

安全和隐私：物联网中存在着大量敏感数据，而这些数据需要在设备之间进行传输和处理。物联网网关可以使用加密技术来保护数据传输的安全性，并管理访问控制以保护用户的隐私。

系统监控和管理：物联网网关可以监控和管理整个物联网系统的状态，并对其进行维护和修改。例如，可以监测设备的电量及状况，并定期更新软件补丁以保证系统的稳定性和可靠性。

边缘计算：物联网网关可以执行一些基本的智能计算任务，例如数据预处理、模型训练和推理等。这种边缘计算的方式可以减少物联网系统对云端服务器的依赖程度，提高响应速度和降低运行成本。

2. 物联网网关的应用场景

工业自动化：物联网网关可以用于工业自动化领域，将工厂中的各种设备连接起来，并执行实时监控和自动化控制。例如，一个物联网网关可以将工业机器人、传感器、PLC 等连接到一起，并通过调度算法来执行物料运输、质量检测和生产计划等任务。

智能家居：物联网网关可以用于智能家居领域，将家庭中的各种智能设备连接起来，实现远程控制和智能化管理。例如，一个物联网网关可以将智能门锁、温湿度传感器、智能音箱等连接到一起，并通过语音识别技术和 AI 算法来实现智能化管理和交互。

物流和物资管理：物联网网关可以在物流和物资管理领域发挥作用，将货物的运输、调度和储存等环节连接起来。例如，一个物联网网关可以将 GPS 设备、温湿度传感器、RFID 标签等连接到一起，并通过数据分析和管理系统来优化物流流程、提高效率和降低成本。

健康医疗：物联网网关可以在健康医疗领域发挥作用，将各种医疗设备和监控系统连接到一起，实现远程诊断和监测。例如，一个物联网网关可以将血压计、心电仪、体温计等连接到一起，使用云端数据分析和 AI 算法来实时监测患者的生命体征和健康状况。

3. 物联网网关的发展趋势

随着物联网应用场景的不断扩展和需求的不断增加，物联网网关的发展也呈现出了一些趋势。

智能化和自适应性：未来的物联网网关将具备更高的自适应性，能够根据实时数据和环境变化来调整自身的运行状态和行为。这意味着网关将更加智能化，具备更高的灵活性和可扩展性，能够更好地适应不同的物联网应用场景和需求。

多云和边缘计算：随着云计算和边缘计算技术的发展，未来的物联网网关将支持多云和边缘计算方式，将计算和数据处理分布在不同级别的设备上。这种分布式的计算方式可以提高响应速度、减少延迟时间和节省能源成本。

安全性和可信性：由于物联网中存在大量的敏感数据和隐私信息，因此未来的物联网网关将更加注重安全性和可信性。例如，可以使用区块链技术来保护数据的安全性和隐私性，以及验证网络中设备的身份和其合法性。

总之，物联网网关是构建物联网系统的重要组成部分，拥有数据聚合和处理、协议转换和适配、安全和隐私等多种功能和特点。未来，随着物联网技术的不断发展和完善，物联网网关将更加智能、安全和可信，并支持多云和边缘计算方式。

（六）NEWLAND 网关烧写

（1）用网线连接 PC 与网关，设置 PC 的 IP 地址与监控终端设备的 IP 地址在同一个网段。选择"系统设置"→"以太网设置"，进行静态 IP 地址设置，网关 IP 地址为 192.168.14.111，如图 3-128 所示。

（2）打开计算机端 SecureCRT 串口工具，使用 Telnet 方式连接网关进行程序烧写。打开 SecureCRT 串口工具，如图 3-129 所示。

图 3-128　网关 IP 地址设置

图 3-129　SecureCRT 串口工具

选择协议"Telnet"，主机名为网关的 IP 地址，如图 3-130 所示。单击"连接"按钮，当出现如图 3-131 所示界面时，表示网关已连接上。输入"root"后回车、登录，如图 3-132 所示。

（3）进行主程序文件烧写，主程序文件位于"/usr/local/lib/cfg/app/App3"目录下，可输入"cd/ usr/local/lib/cfg/app/App3"后回车，进入 App3 目录，如图 3-133 所示。

（4）可输入"ls"查看当前目录下是否存在文件 libapp3.so、zegbee_green_1.png、zegbee_green_2.png、zegbee_green_3.png、zegbee_green_4.png、zegbee_green_5.png、zegbee_green_6.png，如已存在，输入"rm 文件名"后回车，如"rm libapp3.so"，将已存在的文件删除。

图 3-130 连接设置

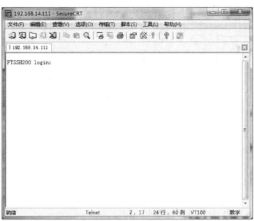

图 3-131 连接网关

图 3-132 登录

图 3-133 目录查看

（5）输入"lrz-e"后回车，选择要烧写的文件进行上传烧写操作，如图 3-134 所示。选择主程序中需要上传的文件，单击"添加"按钮，如图 3-135 所示。

图 3-134 烧写命令

图 3-135 烧写文件选择

单击"确定"按钮，进行文件上传，当显示 100%时，表示上传成功，如图 3-136 所示。

（6）输入"ls"后回车，可看到当前目录下已经成功将主程序的 7 个文件上传，如图 3-137 所示。

图 3-136 文件上传成功

图 3-137 显示结果

（7）"系统设置"中文件的上传、烧写与主程序文件上传、烧写过程一样，只是"系统设置"的文件在"/usr/local/lib/cfg/app/App4"目录下。

（8）"界面项配置"中文件的上传、烧写与主程序文件上传、烧写过程一样，只是"界面项配置"的文件在"/usr/local/lib/cfg/app/App4"目录下。

（9）"配置连接公网"中文件的上传、烧写与主程序文件上传、烧写过程一样，只是"配置连接公网"的文件在"/etc"目录下。

（七）NEWLAND 网关的配置与使用

物联网实训平台主要使用 NEWLAND 网关，各网关除外形和操作方式稍有不同外，基本功能一致。

1. 网关介绍

NEWLAND 网关监测界面可以显示系统全部传感器和执行器的工作状态、工作数据，远程采集和控制系统连接的设备。

2. 网关的烧写

网关出厂时已经烧写完成，正常情况下不需要进行网关固件的更新。如果出现异常，可以使用配套教学资源包中的网关固件进行复位。

需要更新网关时，按照下列步骤进行。

（1）在"网关固件"文件夹下，打开"U盘固件"，找到"education"文件夹，将其复制到一个 U 盘上（注意：该 U 盘不能是系统启动盘）。

（2）将 U 盘插入到网关的 USB 口，进入网关，选择"系统设置"→"固件更新"，单击"更新固件"按钮，烧写完成后重启网关，如图 3-138 所示。

（a）固件文件夹

（b）固件更新完成

图 3-138 网关的固件更新

3. 网关操作

在物联网云平台项目中，网关是硬件传感设备与云平台的中介，需要进行一些配置，将网关与云平台进行连接。

网关包含了4大功能模块：自检测试、系统设置、实时监测、参数设置，如图3-139所示。

（1）自检测试：自检测试主要用于设备出厂前的测试，包含了网关所有硬件功能点的测试，用户在使用网关过程中，也可利用其中的一些功能项进行设备好坏的验证，如图 3-140所示。

图3-139　网关功能模块

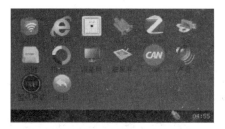

图3-140　自检测试

（2）系统设置：包含了时间设置、WiFi 设置、以太网设置、Telnet 服务、更新固件、背光设置等，如图3-141所示。

WiFi 设置：单击进入可进行 WiFi 选择、设置，默认情况下，WiFi 是关闭的，可通过按下中间的按钮，进行开启与关闭 WiFi 服务。在教学实验中，网关与路由器一般通过 WiFi 连接，如图3-142所示。

图3-141　系统设置

图3-142　WiFi 连接

WiFi 开启之后，可通过单击"配置"按钮进入配置界面，单击"创建新连接"按钮，选择需要连接的 WiFi，输入密码进行连接，如图3-143至图3-146所示。

图3-143　开启 WiFi 服务

图3-144　创建 WiFi 连接

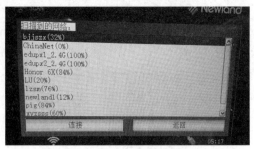

图 3-145　连接目标 WiFi

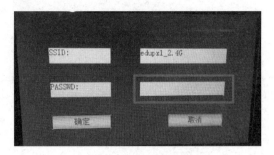

图 3-146　输入密码

以太网设置：当使用有线网络时，需要选择以太网设置，进行静态 IP 地址或 DHCP 获取方式设置，以太网与 WiFi 不可同时使用，避免互相干扰，如图 3-147、图 3-148 所示。

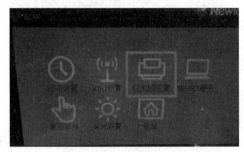

图 3-147　以太网设置

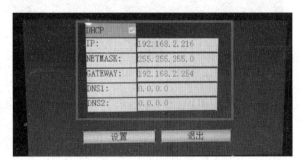

图 3-148　DHCP 获取

Telnet 服务：Telnet 服务默认情况下是开启的，用于计算机端以 Telnet 方式连接网关，如果将其关闭，则无法访问网关，如图 3-149 所示。

更新固件：网关通过 U 盘进行固件烧写时使用，如图 3-150 所示。

图 3-149　Telnet 服务

图 3-150　更新固件

（3）实时监测。

网关可以实时监测无线和有线传感网数据。监测有线传感网数据时需要将有线采集器的 DATA+和 DATA−端通过绿色端子连接到网关，请注意网关接口的正负，如图 3-151 所示。

实时监测界面显示了无线传感器与有线传感器数值，是通过网关查看传感器数值的最重要的功能项，当网关与云平台连接时，需保持网关当前处在实时监测界面，云平台上网关才会是"在线"状态，也只有在该界面中，网关会将采集的所有数据传输给云平台，无线传感网实时监测界面如图 3-152 所示。

无线传感网是以内嵌的 ZigBee 模块作为协调器、以外部配置的 ZigBee 模块作为节点进行无线组网的，无线传感网界面显示的就是 ZigBee 模块所采集的值及继电器的开关。

图 3-151　数据信号连线图

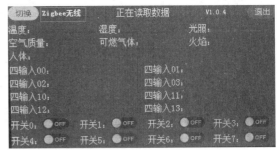

图 3-152　无线传感网实时监测界面

无线传感网主要采集 ZigBee 传感器的实时值，中间两列显示 ZigBee 四通道模拟量采集器的数据，底部"开关 0"～"开关 7"控制 ZigBee 负载所在智能节点盒，序列号为 0000、0001、0002…

单击左上角的"切换"按钮，切换到有线传感网实时监测界面，如图 3-153 所示。

有线传感网实时监测界面上显示其所采集的值及控制开关。此时只有屏幕下方的"开关 0"～"开关 7"可以实现，在云平台未部署名称前，网关的有线传感网实时监测界面上名称均显示"未定义"在云平台设置完成后，会在屏幕中显示具体名称。

有线传感网实时监测界面上前 8 个"未定义"是 Modbus 模拟量采集器 ADAM-4017 上的 Vin0～Vin7 通道对应的设备。

有线传感网实时监测界面上中间 7 个"未定义"是 Modbus 数字量采集器 ADAM-4150 上的 DI0～DI6 通道对应的设备。例如：红外对射传感器、烟雾传感器、火焰传感器、微波传感器等。

在界面下方显示的"开关 0"～"开关 7"主要指接入 ADAM-4150 的执行器，通过 ON/OFF 开关来控制 ADAM-4150 DO 端口的设备（警示灯）。例如，开关 1 控制 DO1 端口的设备。

可单击右上角的"退出"按钮，退出实时监测界面，返回到主界面。

（4）参数设置。

参数设置包含了设备参数、连接参数、监测参数、协调器参数等，如图 3-154 所示。

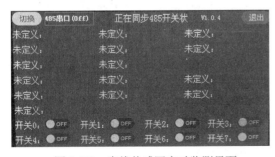

图 3-153　有线传感网实时监测界面

图 3-154　参数设置

设备参数：包含了网关的序列号，序列号是网关的唯一标识，所有网关出厂时的序列号都是不一样的，序列号用于云平台识别指定网关的身份，如图 3-155 所示。

连接参数：用于设置网关连接云平台的通信 IP 地址及端口，备用 IP 地址是云平台的网址，如图 3-156 所示。

图 3-155　序列号　　　　　　　　　图 3-156　云平台网址

默认采用"备用 IP"，网关端口号为 8600，如图 3-157 所示。

监测参数：保持默认设置。

协调器参数：网关内嵌了一块作为协调器的 ZigBee 底板，网关如需获取所有 ZigBee 传感节点的数据，需跟所有节点进行组网，而组网的话，需要保证协调器与所有节点的 PAN ID、Channel ID 一致，而对协调器参数的配置就是对 PAN ID、Channel ID 进行配置，如图 3-158 所示。

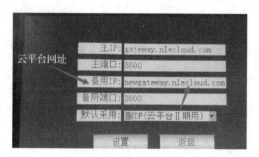

图 3-157　IP 地址设置

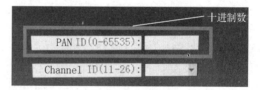

图 3-158　协调器参数配置

注意：ZigBee 智能节点盒烧写完毕再进行 ZigBee 配置时 PAN ID 是十六进制数，但是在协调器参数设置中，需将 PAN ID 由十六进制数转换成十进制数，可以使用"程序"→"附件"→"计算器"来转换。如将十六进制数 8792 转换成十进制数，假设 PAN ID 是 8792，将这个数字输入到计算器中，如图 3-159 所示。

（a）PAN ID 转换

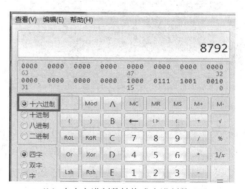

（b）由十六进制数转换成十进制数

图 3-159　转换

选择"十进制",转换成十进制数是 34706,如图 3-160 所示,所以在网关的 PAN ID 中输入 34706。

（a）PAN ID 转换

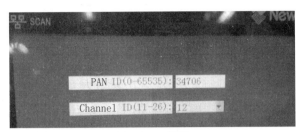

（b）PAN ID 设置

图 3-160　十进制转换

4. 网关的配置核查

在后续任务中,将硬件全部搭建完成后,模拟量采集器与数字量采集器两个设备连接网关的 DATA+与 DATA-端口,网关在系统中采集各传感器的实时值再传输至云平台,是数据传输的纽带。下面将网关配置的核心步骤列出来。

步骤 1:网关烧写。

步骤 2:网关通过 WiFi 连接路由器。

步骤 3:ADAM-4017 和 ADAM-4150 连接网关。

步骤 4:ZigBee 单联继电器、ZigBee 双联继电器与网关正常传输（PAN ID 和 Channel ID 需与网关一致）。

步骤 5:在连接参数界面中设置云平台的 IP 地址和端口。

3.2.5　智慧物流仓储管理系统有线传感网配置与调试

一、任务目标

（一）任务描述

在智慧物流仓储管理系统中,为实现实时的信息采集、智能化处理和自动化控制,通常采用不同类型的传感器、执行器、信号处理器和控制器等,为系统提供感知信息服务,有线传感网是常见的一种。

（二）学习目标

在本任务的学习过程中,将完成智慧物流仓储管理系统方案设计,要达成的学习目标如表 3-80 所示。

表 3-80　学习目标

目标类型	序号	学习目标
知识目标	K1	能列举有线传感网常用设备及功能
	K2	能简述有线传感网组网连线的关键点
能力目标	S1	能识别和区分各有线传感器/执行器
	S2	能正确辨识 ADAM-4150 数字量采集器的端口设置

目标类型	序号	学习目标
能力目标	S3	能正确连接 ADAM-4150 数字量采集器的输入/输出设备
	S4	能在网关实时监测界面正确识读设备的工作状态和工作数据
	S5	能分析有线传感设备组网失败现象及原因，并排除故障完成调试
素质目标	Q1	能按 6S 规范进行实训台整理
	Q2	能按规范标准进行系统和设备操作
	Q3	能按要求做好任务记录和填写任务单
	Q4	能按时按要求完成学习任务
	Q5	能与小组成员协作完成学习任务
	Q6	能结合评价表进行个人学习目标达成情况评价和反思
	Q7	能积极参与课堂教学活动
	Q8	能积极主动进行课前预习和课后拓展练习

（三）任务单

请按任务实施步骤完成任务要求，填写表 3-81 中各项内容。

表 3-81　智慧物流仓储管理系统有线传感网配置与调试任务单

智慧物流仓储管理系统有线传感网配置与调试任务单			
小组序号和名称		组内角色	
小组成员			
任务准备			
1. PC		4. IoT 系统软件包	
2. IoT 实训台		5. IoT 系统工具包	
3. IoT 系统设备箱		6. 加入在线班级	
任务实施			
智慧物流仓储管理系统有线传感网配置与调试目标			
智慧物流仓储管理系统有线传感网设备组成			
智慧物流仓储管理系统有线传感网配置流程			
有线传感网配置和调试过程中遇到的故障记录			
故障现象		解决方法	
总结有线传感网配置与调试过程中的注意事项和建议			
目标达成情况	知识目标	能力目标	素质目标
综合评价结果			

二、任务实施

请按照如下流程完成当前学习任务。

（一）资讯

 小提示：在智慧物流仓储管理系统中，运用了多个有线传感器和执行器进行环境的监测和控制，实现了系统中环境监测和安防监控。这些有线设备与网关形成有线传感网进行通信和数据互传。在该学习任务中，需要完成有线传感器和执行器两种设备与网关的配置与调试，最终实现有线传感网中传感器和执行器与网关之间的数据传输与控制。

（二）计划、决策

引导问题：参考智慧物流仓储管理系统的硬件连线图，请在表 3-82 中列出需要进行配置的有线传感网设备。

有线传感网配置任务单

表 3-82 有线传感网设备确认任务单

有线传感网设备确认任务单		
序号	设备名称	设备作用
1		
2		
3		
4		
5		
6		

（三）实施

1. 有线传感网设备连线情况检查

引导问题：请思考在智慧物流仓储管理系统中，有线传感网中传感器和执行器有哪些？将相关信息填入表 3-83 中。

表 3-83 有线传感网配置与调试任务单

有线传感网配置与调试任务单		
设备类型	设备名称	数据传输类型（输入/输出）
传感器		
执行器 1		
执行器 2		

有线传感网设备连线情况检查步骤如下。

（1）检查网关连接。检查网关的 RS-485 数据接口是否接入 RS-485 数据线。

 小提示：在智慧物流仓储管理系统中，通过数字量采集器和网关将有线传感器和执行器相连，实现数据的传输。其中，网关在前面已有详细的介绍，网关的 RS-485 数据接口有 5 个，可以选择任意一个进行连接和使用，如图 3-161 所示。

图 3-161　网关的 RS-485 数据接口

（2）检查 ADAM-4150 模块信号连接。请查询系统电路连线图，将 ADAM-4150 模块的端口连接情况记录在表 3-84 中，对照实物进行检查。

表 3-84　ADAM-4150 端口连接任务单

ADAM-4150 端口连接任务单			
端口号	连接设备	端口号	连接设备

　　小提示：ADAM-4150 数字量采集器可以同时采集多个传感器信号并进行处理。在信号传输方面，ADAM-4150 数字量采集器可以通过 Y 和 G 两个端口与串行 RS-485 端口连接，实现数据的传输和控制。其端口设置情况如表 3-85 所示。

表 3-85　ADAM-4150 数字量采集器端口设置情况

ADAM-4150 数字量采集器端口设置情况			
端口号	具体功能	端口号	具体功能
DI0～DI6	输入端口	（G）DATA-	485-
DO0～DO7	输出端口	（R）+Vs	电源端（DC 24V）
（Y）DATA+	485+	（B）-GND	电源地

2. 有线传感网设备监控

全部设置完成后，进入实时监测界面，查看有线传感网的数据，会显示传感器采集的数据和执行器开关，如图 3-162 所示，将采集到的具体数据和设置填入表 3-83 中。

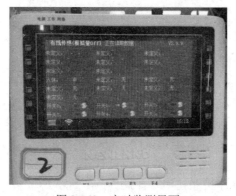

图 3-162　实时监测界面

请结合以上参数配置和系统运行结果，填写表 3-86。

表 3-86 智慧物流仓储管理系统有线传感网配置与调试记录表

智慧物流仓储管理系统有线传感网配置与调试记录表			
	设备名称	配置参数	运行结果
传感器			
执行器			

（四）检查、评估

请结合任务实施情况，进行任务检查互评，将评价情况填写在表 3-87 中。

表 3-87 任务实施情况互查表

任务实施情况互查表			
学习任务名称			
小组		姓名	
序号	任务完成目标		目标达成情况
1	能按时按要求完成任务	A：按时全部完成 B：未按时完成	
2	能按时按要求完成任务单填写	A：完整且正确 B：不完整	
3	能按规范操作步骤完成有线传感网配置	A：规范且参数设置正确 B：不规范/参数部分错误	
4	能实现有线传感器数据实时采集	A：全部实现 B：部分实现	
5	能实现有线执行器实时控制	A：全部实现 B：部分实现	
评价人			

（五）任务优化

请结合任务评价情况进行任务优化，并将优化信息填写在表 3-88 中。

表 3-88 优化情况记录表

优化情况记录表			
序号	优化点	优化原因	优化方法

（六）整理设备工具和实训台

请对照设备清单，检查和记录出现的问题，记录在表 3-89 中。

表 3-89　实训台设备清点整理检查单

实训台设备清点整理检查单							
序号	设备名称	数量	检查记录	序号	设备名称	数量	检查记录
1	移动工控终端	1		17	ZigBee 四通道模拟量采集器	1	
2	有线温湿度传感器	1		18	ADAM-4150 数字量采集器	1	
3	有线光照传感器	1		19	条码打印机	1	
4	有线人体红外传感器	1		20	超高频 UHF 阅读器	1	
5	光照传感器	1		21	低频读卡器	1	
6	温湿度传感器	1		22	条码扫描枪	1	
7	人体红外传感器	1		23	USB 转串口线	1	
8	可燃气体传感器	1		24	USB 数据线	4	
9	空气质量传感器	1		25	ZigBee 智能节点盒充电器	1	
10	火焰传感器	1		26	低频射频卡	3	
11	单联继电器	1		27	超高频 UHF 电子标签	3	
12	双联继电器	4		28	ZigBee 烧写器及数据线	1	
13	风扇	1		29	钥匙扣	2	
14	LED 灯（灯泡+灯座）	1		30	IoT 工具箱	2	
15	ZigBee 智能节点盒	1		31	网线	2	
16	物联网智能网关	1		32	各设备配套电源线和数据线		
缺损记录							
计算机和移动工控终端电源是否关闭							
实训台电源是否关闭							
ZigBee 模块电源是否关闭							
实训台桌面是否整理清洁							
工具箱是否已经整理归位							

三、任务学习评价反馈

请结合学习任务完成情况及任务学习评价标准参考表（见表 3-90）进行自评、互评、师评和综合评价，评价情况填入表 3-91 中，并将综合评价结果填到表 3-81 中。其中，各评价的权重分别是：自评占 20%、互评占 20%、师评占 60%，即综合评价=自评×20%+互评×20%+师评×60%。

表 3-90　任务学习评价标准参考表

任务学习评价标准参考表								
目标类型	序号	评价指标	评价标准	分数	评价标准	分数	评价标准	分数
知识目标	K1	能列举有线传感网常用设备及功能	正确完整	5	部分正确	3	不能	0
	K2	能简述有线传感网组网连线的关键点	正确完整	5	部分正确	3	不能	0

目标类型	序号	评价指标	评价标准	分数	评价标准	分数	评价标准	分数
					任务学习评价标准参考表			
能力目标	S1	能识别和区分各有线传感器/执行器	正确完整	10	部分正确	5	不能	0
	S2	能正确辨识 ADAM-4150 数字量采集器的端口设置	正确完整	10	部分正确	5	不能	0
	S3	能正确连接 ADAM-4150 数字量采集器的输入/输出设备	正确完整	10	部分正确	5	不能	0
	S4	能在网关实时监测界面正确识读设备的工作状态和工作数据	正确完整	10	部分正确	5	不能	0
	S5	能分析有线传感设备组网失败现象及原因，并排除故障完成调试	正确完整	10	部分正确	5	不能	0
素质目标	Q1	能按6S规范进行实训台整理	规范	5	不规范	3	未做	0
	Q2	能按规范标准进行系统和设备操作	规范	5	不规范	3	未做	0
	Q3	能按要求做好任务记录和填写任务单	完整	5	不完整	3	未做	0
	Q4	能按时按要求完成学习任务	按时完成	5	补做	3	未做	0
	Q5	能与小组成员协作完成学习任务	充分参与	5	不参与	0		
	Q6	能结合评价表进行个人学习目标达成情况评价和反思	充分参与	5	不参与	0		
	Q7	能积极参与课堂教学活动	充分参与	5	不参与	0		
	Q8	能积极主动进行课前预习和课后拓展练习	进行	5	未进行	0		

表 3-91　任务学习评价表

目标类型	序号	具体目标	分数	自评	互评	师评	综合评价
			任务学习目标达成评价表				
知识目标	K1	能列举有线传感网常用设备及功能	5				
	K2	能简述有线传感网组网连线的关键点	5				
能力目标	S1	能识别和区分各有线传感器/执行器	10				
	S2	能正确辨识ADAM-4150数字量采集器的端口设置	10				

任务学习目标达成评价表							
目标类型	序号	具体目标	分数	自评	互评	师评	综合评价
能力目标	S3	能正确连接 ADAM-4150 数字量采集器的输入/输出设备	10				
	S4	能在网关实时监测界面正确识读设备的工作状态和工作数据	10				
	S5	能分析有线传感设备组网失败现象及原因,并排除故障完成调试	10				
素质目标	Q1	能按 6S 规范进行实训台整理	5				
	Q2	能按规范标准进行系统和设备操作	5				
	Q3	能按要求做好任务记录和填写任务单	5				
	Q4	能按时按要求完成学习任务	5				
	Q5	能与小组成员协作完成学习任务	5				
	Q6	能结合评价表进行个人学习目标达成情况评价和反思	5				
	Q7	能积极参与课堂教学活动	5				
	Q8	能积极主动进行课前预习和课后拓展练习	5				
项目总评							
评价人							

四、任务学习总结与反思

请结合任务的学习情况,进行学习反思和总结,写出在知识、能力、素质三个方面的学习事实、学习收获、存在问题及未来计划努力方向,记录在表 3-92 中。

表 3-92　4F 反思总结表

4F 反思总结表			
	知识	能力	素质
Facts 事实（学习）			
Feelings 感受（收获）			
Finds 发现（问题）			
Future 未来（计划）			

五、任务学习拓展练习

结合生活实际,思考在智慧物流仓储管理系统中可能使用的有线传感器和执行器,以及其功能目标，记录在表 3-93 中。

表 3-93 拓展练习记录表

传感器/执行器	具体功能目标

六、任务学习相关知识点

（一）有线传感网

有线传感网是指利用有线通信方式连接传感器和控制器的网络。常见的有线传感网组成设备如下。

（1）传感器：用于感知环境中的各种物理量，如温度、湿度、压力、光强等。常见的有线传感器有温度传感器、湿度传感器、压力传感器等。

（2）采集器：用于将传感器采集到的数据转换为数字信号，并通过有线接口传输到上层设备。常见的有线采集器有 ADAM-4150 数字量采集器等。

（3）控制器：接收来自采集器的数据，并根据预设的逻辑进行判断和控制。常见的有线控制器有 PLC（可编程控制器）和 DSC（分布式控制系统）等。

（4）通信设备：用于实现传感器、采集器和控制器之间的数据传输。常见的有线通信设备有以太网交换机、串口转以太网服务器等。

（5）数据存储设备：用于存储传感器采集到的数据，以备后续分析和处理。常见的有线数据存储设备有数据库服务器、数据采集卡等。

（6）供电设备：用于为传感器、采集器和控制器提供电力。常见的有线供电设备有电源适配器、电池组等。

这些设备共同组成了有线传感网，通过有线连接实现数据采集、传输和控制。

（二）ADAM-4150 数字量采集器

ADAM-4150 数字量采集器是 Advantech 公司推出的一款数字量采集器，用于物联网系统中的数字量信号采集和控制。

ADAM-4150 采用工业级设计，是工业上使用最广泛的双向、平衡传输线标准，可以实现远距离高速传输和接收数据，能够与双绞线多支路网络上的主机进行通信，具有可靠的性能和稳定的工作能力。

3.2.6 智慧物流仓储管理系统云平台配置与调试

一、任务目标

（一）任务描述

在智慧物流仓储管理系统中，可以通过云平台实现系统的智慧应用。在本学习任务中，需要完成云平台的参数配置和调试，实时进行传感器的数据采集和对执行器的远程控制。

（二）学习目标

在本任务中，将完成智慧物流仓储管理系统方案设计，要达成的学习目标如表 3-94 所示。

表 3-94　学习目标

目标类型	序号	学习目标
知识目标	K1	能简述云平台的概念、特点、功能
	K2	能简述云平台配置的关键点
能力目标	S1	能创建云平台账号并登录云平台
	S2	能正确添加和配置网关连接参数，实现网关与云平台的互联
	S3	能正确添加和配置与网关连接的传感器与执行器
	S4	能调试实现云平台监测各传感器数据
	S5	能调试实现云平台控制各执行器
	S6	能在云平台上创建物联网项目
	S7	能分析云平台配置过程中出现的问题及原因，并排除故障完成调试
素质目标	Q1	能按 6S 规范进行实训台整理
	Q2	能按规范标准进行系统和设备操作
	Q3	能按要求做好任务记录和填写任务单
	Q4	能按时按要求完成学习任务
	Q5	能与小组成员协作完成学习任务
	Q6	能结合评价表进行个人学习目标达成情况评价和反思
	Q7	能积极参与课堂教学活动
	Q8	能积极主动进行课前预习和课后拓展练习

（三）任务单

请按任务实施步骤完成学习任务，填写表 3-95 中各项内容。

表 3-95　智慧物流仓储管理系统云平台配置与调试任务单

智慧物流仓储管理系统云平台配置与调试任务单			
小组序号和名称		组内角色	
小组成员			
任务准备			
1. PC		4. IoT 系统软件包	
2. IoT 实训台		5. IoT 系统工具包	
3. IoT 系统设备箱		6. 加入在线班级	
任务实施			
智慧物流仓储管理系统云平台配置与调试目标			
智慧物流仓储管理系统中与云平台连接的设备组成			
智慧物流仓储管理系统云平台配置与调试流程			

续表

云平台配置与调试过程中遇到的故障记录	
故障现象	解决方法
总结云平台配置与调试过程中的注意事项和建议	

目标达成情况	知识目标		能力目标		素质目标	
综合评价结果						

二、任务实施

请按照如下流程完成当前学习任务。

（一）资讯

在智慧物流仓储管理系统中，可利用云平台实现各传感器和执行器数据的实时采集和远程控制，实现云平台与硬件设备的互联互通和数据交换，从而构建起智能化、自动化的智慧物流仓储管理系统。

小提示：物联网云平台是基于智能传感器、无线传输技术、大规模数据处理与远程控制，集数据在线采集、远程控制、无线传输、数据处理、预警信息发布、决策支持、一体化控制等功能于一体的物联网系统。用户及管理人员可以通过手机、平板、计算机等信息终端，实时掌握传感设备信息，及时获取预警信息，并可以手动/自动调整控制设备。

NLECloud 是以设备为核心的、基于物联网技术和产业特点打造的开放云平台，可以用于各种研究场景，全面覆盖智慧溯源、智慧商超、智慧物流、智慧家居、智慧医疗、智慧农业、智慧交通等十多项行业应用场景。

（二）计划、决策

引导问题：参考智慧物流仓储管理系统的硬件连线图，在任务单中列出云平台上需要添加的设备和设备连接方式，填写在表 3-96 中，思考如何实现云平台对智慧物流仓储管理系统的远程、实时监测和控制。

表 3-96　云平台设备连接清单

云平台设备连接清单					
序号	设备名称	连接方式	序号	设备名称	连接方式
1			9		
2			10		
3			11		
4			12		
5			13		
6			14		
7			15		
8			16		

（三）实施

请按以下步骤完成云平台配置，在完成任务后填写表 3-97。

表 3-97　智慧物流仓储管理系统云平台配置与调试记录表

智慧物流仓储管理系统云平台配置与调试记录表		
设备名称		配置参数
路由器	IP 地址	
PC	IP 地址	
网关	IP 地址	
	端口号	
	标识	
云平台	用户名	
	密码	
	IP 地址	
	端口号	
	项目名称	
	项目标识	

1．网络连接配置

（1）网络连接情况

在物联网智慧应用系统中，可通过 WiFi 方式或者静态 IP 方式连接云平台，实现网关与云平台的网络连接。为提高系统的稳定性，常采用静态 IP 方式。

采用静态 IP 方式时，用一根网线直连路由器与网关，用另一根网线直连路由器与云平台 PC，而且要将网关的静态 IP 地址配置成与路由器、云平台 PC 在同一个网段内，形成局域网。

引导问题：思考如何设置云平台 PC 和网关的静态 IP 地址，保证网关与路由器、云平台 PC 在同一局域网中，尝试填写网络连接任务单（见表 3-98）。

表 3-98　网络连接任务单

网络连接任务单		
序号	设备名称	IP 地址
1	子网掩码	255.255.255.0
2	默认网关	
3	路由器	
4	云平台 PC	
5	NEWLAND 网关	

（2）检查网络连接

请确认用一根网线直连路由器与网关，用另一根网线直连路由器与云平台 PC，并且路由器已上电，各设备都在正常工作。

（3）查询 PC 的 IP 地址

按下 Win+R 组合键，可打开运行窗口，在运行窗口中输入"cmd"，回车，打开命令提示符窗口，然后输入命令"ipconfig"，可查看当前 PC 的 IP 地址。请查询发布云平台的 PC 的 IP 地址，并将相关信息记录在表 3-99 中。

表 3-99 发布云平台的 PC 的 IP 地址记录单

发布云平台的 PC 的 IP 地址记录单		
1	子网掩码	255.255.255.0
2	默认网关	
3	IPv4 地址	

（4）设置网关 IP 地址

选择"系统设置"→"WiFi 设置"，将 WiFi 设置关闭。选择"以太网设置"，去掉 DHCP 动态获取选项，设置静态 IP 地址。注意网关 IP 地址必须与路由器及云平台 PC 在同一网段中且三者 IP 地址互不冲突（见图 3-163）。请将网关 IP 地址设置情况填写到表 3-100 中。

图 3-163 网关 IP 地址设置

表 3-100 网关 IP 配置任务单

网关 IP 配置任务单		
1	子网掩码	255.255.255.0
2	默认网关	
3	IP 地址	

（5）设置网关与云平台连接参数

选择"参数设置"→"连接参数"，将查询到的发布云平台的 PC 的 IP 地址设置为"主 IP"，并设置相应的端口号。

小提示："连接参数"是对所需连接的云平台的 IP 地址及网关端口的设置，设置好连接参数，网关才可连接到云平台上。

选择"参数设置"→"设备参数"，查看并记录设备的序列号，序列号就是网关的标识（见图 3-164），每个已出厂的网关，其序列号是唯一的。

网关主端口号需要与云平台发布时配置的网关端口号一致（见图 3-165），可以在云平台配置文件中查找（备用 IP 地址及备用端口号可以不用修改）。

图 3-164 序列号

图 3-165 主端口号

按要求正确配置网关和云平台连接参数，并将各参数填写到表 3-101 中。

表 3-101　网关和云平台连接参数配置任务单

网关和云平台连接参数配置任务单		
序号	配置项目	具体参数
1	云平台主 IP 地址	
2	网关主端口号	
3	网关标识（序列号）	

2. 创建云平台账号

引导问题：请创建 NLECloud 云平台账号，并将相关信息记录在表 3-102 中。

表 3-102　云平台账号创建任务单

云平台账号创建任务单		
1	云平台用户名	
2	云平台密码	
3	云平台 IP 地址	
4	云平台端口号	

创建云平台账号的方法、步骤如下。

（1）从网页端访问云平台（如 http://192.168.1.4:8020），如图 3-166 所示。

（2）单击"云平台"，输入用户名、密码，如图 3-167 所示。

图 3-166　云平台首页

图 3-167　输入用户名、密码

（3）如无账号需先注册，如图 3-168 所示。

（4）注册完成后登录，如图 3-169 所示。

图 3-168　注册

图 3-169　登录

3．添加网关设备

引导问题：请确认已经配置好网关的静态 IP 地址及云平台 IP 地址，并确保局域网内 IP 地址互不冲突。请检查网关标识（序列号），每台设备的网关必须与各自系统的云平台一一绑定，网关不能重复绑定，但是云平台上可以添加多个网关，实现多个网关的设备监控和管理。请在表 3-103 中填写添加网关相关信息。

表 3-103　网关添加任务单

网关添加任务单		
1	网关类型	
2	网关名称	
3	网关标识（序列号）	
4	轮询时间	

在云平台上添加网关的步骤如下。

（1）选择"设备管理"→"网关管理"→"新增"，新增网关，如图 3-170 所示。

图 3-170　新增网关

（2）选择网关类型，自定义网关名称，填写各自平台的网关标识，设置轮询时间（3～20s），如图 3-171 所示。其中，云平台上的网关标识就是序列号，注意仔细检查，不要填错；轮询时间是云平台获取网关数据的时间间隔。云平台通过该网关标识，就可将云平台与网关关联起来。

图 3-171　云平台与网关关联

（3）在网关管理列表中显示添加成功的网关，如图 3-172 所示。

图 3-172　网关添加成功

（4）如果需要对网关配置参数进行修改，单击"编辑"即可，如图 3-173 所示。注意：网关要离线才能编辑，灯泡为绿色代表在线，灯泡为灰色代表离线。

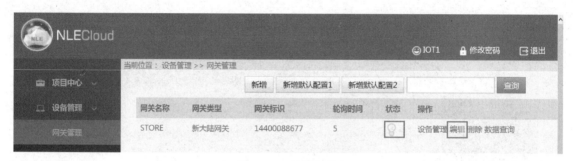

图 3-173　编辑网关

（5）如果需要删除网关，单击"删除"即可，如图 3-174 所示。注意：网关要离线才能删除。

图 3-174　删除网关

4.　网关设备管理

在智慧物流仓储管理系统中，可通过网关实现各传感器和执行器数据的采集和远程控制，需要将与网关连接的所有设备均添加到云平台上。

引导问题：请回顾和梳理智慧物流仓储管理系统中与网关连接的设备及相应数据传输方式和接口，并尝试在表 3-104 中填写相关信息。

表 3-104 网关设备配置任务单

网关设备配置任务单			
设备类型	名称	协议类型	其他信息
传感器	有线人体红外传感器		
	ZigBee 温度传感器		
	ZigBee 湿度传感器		
	ZigBee 光照传感器		
	ZigBee 空气质量传感器		
	ZigBee 可燃气体传感器		
	ZigBee 火焰传感器		
	有线光照传感器		
	有线温度传感器		
	有线湿度传感器		
执行器	执行器 0（风扇 1）		
	执行器 1（风扇 2）		
	执行器 2（LED 灯）		

在云平台中添加与网关连接的设备的步骤如下。

（1）选择"设备管理"→"网关管理"→"设备管理"，如图 3-175 所示，打开设备管理界面。

图 3-175 设备管理界面

（2）分别添加传感器和执行器。单击图标"+"，进行设备添加，如图 3-176 所示。其中，传感器及执行器的通道号及序列号要根据硬件连接情况进行设置。

图 3-176 添加传感器和执行器

小提示：添加的传感器及执行器的信息可以参考网关添加设备信息表（见表 3-105），具体设备参数请依据各实训平台的硬件连接情况进行调整。如有线光照、温度、湿度传感器及有线控制的继电器的连接需要根据各实训平台的硬件连接情况确定通道号和序列号。

表 3-105　网关添加设备信息表

网关添加设备信息表						
设备类型	名称	协议类型	序列号	类型	设备标识	数据类型
传感器	有线人体红外传感器	Modbus 数字量	0	0	Modbus 人体	布尔类型
	ZigBee 温度传感器	ZigBee	0	温度	ZigBee 温度	数值型
	ZigBee 湿度传感器	ZigBee	0	湿度	ZigBee 湿度	数值型
	ZigBee 光照传感器	ZigBee	0	光照	ZigBee 光照	数值型
	ZigBee 空气质量传感器	ZigBee	0	空气质量	ZigBee 空气质量	数值型
	ZigBee 可燃气体传感器	ZigBee	0	可燃性气体	ZigBee 可燃气体	数值型
	ZigBee 火焰传感器	ZigBee	0	火焰	ZigBee 火焰	数值型
	有线光照传感器	ZigBee	1	四模拟量 x 通道	四通道光照	数值型
	有线温度传感器	ZigBee	1	四模拟量 x 通道	四通道温度	数值型
	有线湿度传感器	ZigBee	1	四模拟量 x 通道	四通道湿度	数值型
执行器	执行器 0	Modbus 数字量	x	继电器	风扇 1	单联继电器
	执行器 1	Modbus 数字量	x	继电器	风扇 2	单联继电器
	执行器 2	ZigBee	x	继电器	LED 灯	单联继电器

有线人体红外传感器的信息可参考图 3-177，ZigBee 温度传感器的信息可参考图 3-178，ZigBee 湿度传感器的信息可参考图 3-179，ZigBee 光照传感器的信息可参考图 3-180，ZigBee 空气质量传感器的信息可参考图 3-181，ZigBee 可燃气体传感器的信息可参考图 3-182，ZigBee 火焰传感器的信息可参考图 3-183，有线光照传感器的信息可参考图 3-184。

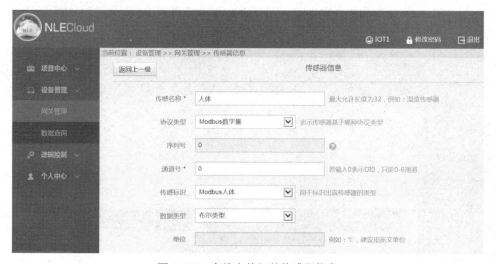

图 3-177　有线人体红外传感器信息

图 3-178 ZigBee 温度传感器信息

图 3-179 ZigBee 湿度传感器信息

图 3-180 ZigBee 光照传感器信息

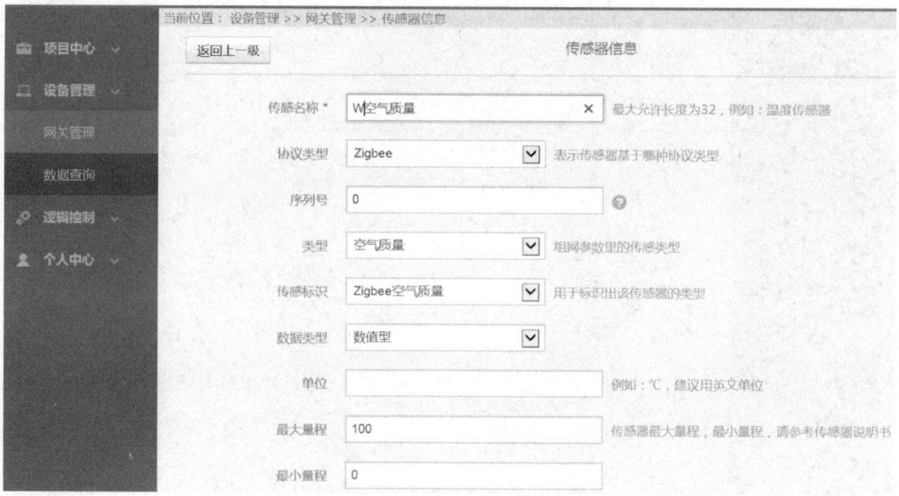
当前位置：设备管理 >> 网关管理 >> 传感器信息
项目中心
设备管理
网关管理
数据查询
逻辑控制
个人中心
返回上一级
传感器信息
传感名称 *
W空气质量
最大允许长度为32，例如：温度传感器
协议类型
Zigbee
表示传感器基于哪种协议类型
序列号
0
类型
空气质量
组网参数里的传感类型
传感标识
Zigbee空气质量
用于标识出该传感器的类型
数据类型
数值型
单位
例如：℃，建议用英文单位
最大量程
100
传感器最大量程，最小量程，请参考传感器说明书
最小量程
0

图 3-181　ZigBee 空气质量传感器信息

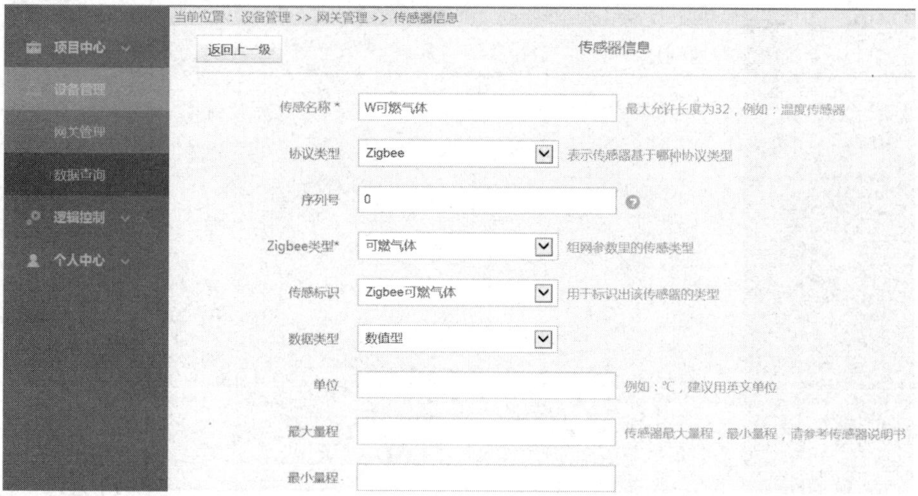
当前位置：设备管理 >> 网关管理 >> 传感器信息
项目中心
设备管理
网关管理
数据查询
逻辑控制
个人中心
返回上一级
传感器信息
传感名称 *
W可燃气体
最大允许长度为32，例如：温度传感器
协议类型
Zigbee
表示传感器基于哪种协议类型
序列号
0
Zigbee类型*
可燃气体
组网参数里的传感类型
传感标识
Zigbee可燃气体
用于标识出该传感器的类型
数据类型
数值型
单位
例如：℃，建议用英文单位
最大量程
传感器最大量程，最小量程，请参考传感器说明书
最小量程

图 3-182　ZigBee 可燃气体传感器信息

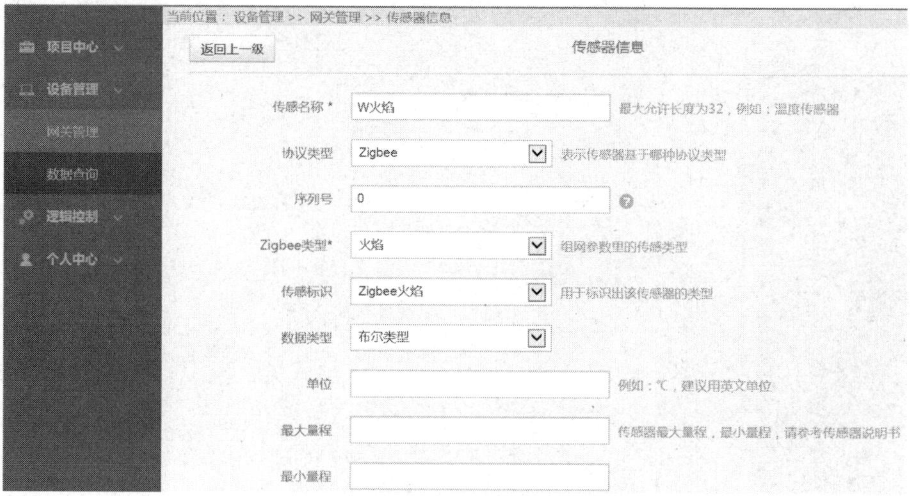
当前位置：设备管理 >> 网关管理 >> 传感器信息
项目中心
设备管理
网关管理
数据查询
逻辑控制
个人中心
返回上一级
传感器信息
传感名称 *
W火焰
最大允许长度为32，例如：温度传感器
协议类型
Zigbee
表示传感器基于哪种协议类型
序列号
0
Zigbee类型*
火焰
组网参数里的传感类型
传感标识
Zigbee火焰
用于标识出该传感器的类型
数据类型
布尔类型
单位
例如：℃，建议用英文单位
最大量程
传感器最大量程，最小量程，请参考传感器说明书
最小量程

图 3-183　ZigBee 火焰传感器信息

图 3-184　有线光照传感器信息

有线温度传感器的信息可参考图 3-185，有线湿度传感器的信息可参考图 3-186。

图 3-185　有线温度传感器信息

图 3-186　有线湿度传感器信息

小提示：添加执行器主要为了与 ADAM-4150 和 ZigBee 无线继电器相区别。其中，ADAM-4150 的执行器根据实际硬件连接的通道进行添加，执行器 0 如果连接 ADAM-4150 的输出端口 DO0，其连接的通道号为 0；添加 ZigBee 继电器的执行器，通道号依据网关开关的范围来确定，如 NEWLAND 网关上有开关 0～开关 5，添加 ZigBee 继电器时通道号可以在 0～5 任意选择。

ADAM-4150 连接的有线继电器的信息可参考图 3-187，ZigBee 连接控制的继电器的信息可参考图 3-188。

图 3-187　有线继电器信息

图 3-188　ZigBee 继电器信息

（3）如果需要在云平台上删除网关连接的设备，单击"删除"即可，如图 3-189 所示。

小提示：网关要离线才能删除，灯泡为绿色代表在线，灯泡为灰色代表离线。

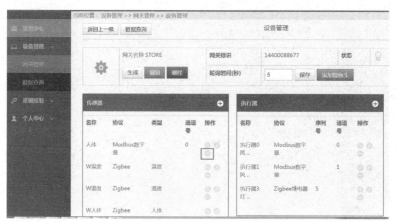

图 3-189　删除网关连接的设备

（4）如果需要在云平台上编辑设备信息，单击"编辑"即可，如图 3-190 所示。

小提示：网关要离线才能编辑。

图 3-190　编辑设备信息

5. 云平台实时监测

引导问题：在智慧物流仓储管理系统中，可通过网关实现各传感器的数据采集和执行器的远程控制。请确保云平台添加的网关标识正确，且对应网关中各网络参数配置正确，并思考如何判断云平台与网关是否已经连接。

小提示：网关的在线和离线状态可用状态栏下方的灯泡颜色进行指示，灯泡为绿色代表在线（见图 3-191），灯泡为灰色代表离线。而想要确认网关是否在线，需要切换至实时监测界面，再刷新云平台，便可检查网关是否与云平台连接，即网关是否在线。

图 3-191　网关在线指示

（1）实时数据监测。选择"设备管理"→"数据查询"，选择要查询的网关及传感器，单击"查询"按钮，可以显示某时间段内该传感器的所有数据，如图 3-192 所示。

（2）实时设备控制。选择"设备管理"→"网关管理"，在执行器处单击开关按钮，相应的设备会被启动。如单击"执行器 0"，开启硬件设备风扇 1，如图 3-193 所示。

6. 创建云平台项目

引导问题：在前面的配置和调试中，已经完成了感知层设备和网络层设备的配置，实现了通过网关对各传感器的数据采集和执行器的远程控制。如何将这些设备进行智慧应用，形成真实的智慧物流仓储管理系统呢？在学习的过程中，你可能已经发现，很多设备其实可以应用到各种物联网智慧应用系统中，怎样完成智慧应用系统的设计呢？

图 3-192　实时数据监测

图 3-193　实时设备控制

物联网智慧应用系统设计项目的创建方法与步骤如下。

（1）选择"项目中心"→"项目管理"→"新增项目"，将该项目绑定网关，行业基础实训平台的 PC 端和安卓端以该项目的项目标识作为连接接口，获取其绑定网关上的传感器数值，"项目标识"可自行定义，勾选"公开"复选框，如图 3-194、图 3-195 所示。

图 3-194　项目管理

图 3-195　项目设置

（2）添加成功后，在项目管理界面中出现该项目，如图 3-196 所示。

图 3-196　项目管理界面

（3）编辑项目，参考前面操作。

（4）删除项目，参考前面操作。

（四）检查、评估

请结合任务实施情况，进行任务检查互评，将评价情况填写在表 3-106 中。

表 3-106　任务实施情况互查表

任务实施情况互查表				
学习任务名称				
小组			姓名	
序号	任务完成目标			目标达成情况
1	能按时按要求完成任务	A：按时全部完成		
		B：未按时完成		
2	能按时按要求完成任务单填写	A：完整且正确		
		B：不完整		
3	能按规范操作步骤完成云平台配置和调试	A：规范且参数设置正确		
		B：不规范/参数部分错误		

任务实施情况互查表		
序号	任务完成目标	目标达成情况
4	能实现云平台与网关的互联	A：全部实现
		B：部分实现
5	能实现在云平台上进行网关连接的所有设备的实时监控	A：全部实现
		B：部分实现
评价人		

（五）任务优化

请结合任务评价情况进行任务优化，并将优化信息填写在表 3-107 中。

表 3-107　优化情况记录表

优化情况记录表			
序号	优化点	优化原因	优化方法

（六）整理设备工具和实训台

请对照设备清单，检查和记录出现的问题，记录在表 3-108 中。

表 3-108　实训台设备清点整理检查单

实训台设备清点整理检查单							
序号	设备名称	数量	检查记录	序号	设备名称	数量	检查记录
1	移动工控终端	1		17	ZigBee 四通道模拟量采集器	1	
2	有线温湿度传感器	1		18	ADAM-4150 数字量采集器	1	
3	有线光照传感器	1		19	条码打印机	1	
4	有线人体红外传感器	1		20	超高频 UHF 阅读器	1	
5	光照传感器	1		21	低频读卡器	1	
6	温湿度传感器	1		22	条码扫描枪	1	
7	人体红外传感器	1		23	USB 转串口线	1	
8	可燃气体传感器	1		24	USB 数据线	4	
9	空气质量传感器	1		25	ZigBee 智能节点盒充电器	1	
10	火焰传感器	1		26	低频射频卡	3	
11	单联继电器	1		27	超高频 UHF 电子标签	3	
12	双联继电器	4		28	ZigBee 烧写器及数据线	1	
13	风扇	1		29	钥匙扣	2	
14	LED 灯（灯泡+灯座）	1		30	IoT 工具箱	2	
15	ZigBee 智能节点盒	1		31	网线	2	
16	物联网智能网关	1		32	各设备配套电源线和数据线		
缺损记录							
计算机和移动工控终端电源是否关闭							
实训台电源是否关闭							

实训台设备清点整理检查单	
ZigBee 模块电源是否关闭	
实训台桌面是否整理清洁	
工具箱是否已经整理归位	

三、任务学习评价反馈

请结合学习任务完成情况及任务学习评价标准参考表（见表 3-109）进行自评、互评、师评和综合评价，评价情况填入表 3-110 中，并将综合评价结果填到表 3-95 中。其中，各评价的权重分别是：自评占 20%、互评占 20%、师评占 60%，即综合评价=自评×20%+互评×20%+师评×60%。

表 3-109　任务学习评价标准参考表

任务学习评价标准参考表								
目标类型	序号	评价指标	评价标准	分数	评价标准	分数	评价标准	分数
知识目标	K1	能简述云平台的概念、特点、功能	正确完整	5	部分正确	2	不能	0
	K2	能简述云平台配置的关键点	正确完整	5	部分正确	2	不能	0
能力目标	S1	能创建云平台账号并登录云平台	正确完整	6	部分正确	3	不能	0
	S2	能正确添加和配置网关连接参数，实现网关与云平台的互联	正确完整	6	部分正确	3	不能	0
	S3	能正确添加和配置与网关连接的传感器与执行器	正确完整	6	部分正确	3	不能	0
	S4	能调试实现云平台监测各传感器数据	正确完整	6	部分正确	3	不能	0
	S5	能调试实现云平台控制各执行器	正确完整	6	部分正确	3	不能	0
	S6	能在云平台上创建物联网项目	正确完整	6	部分正确	3	不能	0
	S7	能分析云平台配置过程中出现的问题及原因，并排除故障完成调试	正确完整	6	部分正确	3	不能	0
素质目标	Q1	能按 6S 规范进行实训台整理	规范	6	不规范	3	未做	0
	Q2	能按规范标准进行系统和设备操作	规范	6	不规范	3	未做	0
	Q3	能按要求做好任务记录和填写任务单	完整	6	不完整	3	未做	0
	Q4	能按时按要求完成学习任务	按时完成	6	补做	3	未做	0
	Q5	能与小组成员协作完成学习任务	充分参与	6	不参与	0		

任务学习评价标准参考表							
素质目标	Q6	能结合评价表进行个人学习目标达成情况评价和反思	充分参与	6	不参与	0	
	Q7	能积极参与课堂教学活动	充分参与	6	不参与	0	
	Q8	能积极主动进行课前预习和课后拓展练习	进行	6	未进行	0	

表 3-110　任务学习评价表

任务学习目标达成评价表							
目标类型	序号	具体目标	分数	自评	互评	师评	综合评价
知识目标	K1	能简述云平台的概念、特点、功能	5				
	K2	能简述云平台配置的关键点	5				
能力目标	S1	能创建云平台账号并登录云平台	6				
	S2	能正确添加和配置网关连接参数，实现网关与云平台的互联	6				
	S3	能正确添加和配置与网关连接的传感器与执行器	6				
	S4	能调试实现云平台监测各传感器数据	6				
	S5	能调试实现云平台控制各执行器	6				
	S6	能在云平台上创建物联网项目	6				
	S7	能分析云平台配置过程中出现的问题及原因，并排除故障完成调试	6				
素质目标	Q1	能按 6S 规范进行实训台整理	6				
	Q2	能按规范标准进行系统和设备操作	6				
	Q3	能按要求做好任务记录和填写任务单	6				
	Q4	能按时按要求完成学习任务	6				
	Q5	能与小组成员协作完成学习任务	6				
	Q6	能结合评价表进行个人学习目标达成情况评价和反思	5				
	Q7	能积极参与课堂教学活动	6				
	Q8	能积极主动进行课前预习和课后拓展练习	6				
项目总评							
评价人							

四、任务学习总结与反思

请结合任务的学习情况，进行学习反思和总结，写出在知识、能力、素质三个方面的学习事实、学习收获、存在问题及未来计划努力方向，记录在表 3-111 中。

表 3-111　4F 反思总结表

4F 反思总结表			
	知识	能力	素质
Facts 事实（学习）			
Feelings 感受（收获）			
Finds 发现（问题）			
Future 未来（计划）			

五、任务学习拓展练习

以下是 2023 年全国职业院校技能大赛"物联网应用开发"赛项中的感知层设备安装与调试训练题，请结合本节的学习内容及实训台硬件设备自行进行拓展练习。

使用浏览器访问物联网云服务系统（地址为 http://192.168.0.138），根据以下要求完成相关任务。

任务要求：

（1）注册一个新用户，选择个人注册，手机号为"189123456+2 位工位号"（例如工位号为 05，则新用户名为 18912345605），密码随意设置；然后退出，用新用户名重新登录，记住密码。

（2）进入云服务系统个人设置下的开发设置界面，生成调用 API 的密钥。

（3）打开云服务系统，进入"开发文档"→"应用开发"→"API 在线调试/API 调试工具"界面，默认处于用户登录 API 调试界面，添加并输入新增的用户账号和密码，单击发送请求，调试工具右侧会显示登录结果。

（4）新增一个项目，项目名称为"智能市政"，行业类别为"智慧城市"，联网方案为"以太网"。

（5）在这个项目下新增一个网关，设备名称为"物联网网关"，相关参数按正确方法自行设置，设备标识自行查询中心网关得到。

（6）上述"物联网网关"设备显示上线状态后，通过单击"数据流获取"按钮同步中心网关已设置的传感器与执行器。

（7）在"智能市政"项目下新增一个"4G 通信终端"设备，设备标识为"4GMT12345+[2 位工位号]"，其他相关参数按正确方法自行设置。

（8）上述"4G 通信终端"设备显示上线状态后，通过单击"数据流获取"按钮同步 4G 通信终端已设置的传感器与执行器。

完成以上任务后请按照以下步骤操作。

（1）将登录完成并返回用户详情信息的页面截图并另存。

（2）将添加完成的云服务系统设备管理界面进行截图。要求用红圈圈出"物联网网关"设备和"4G通信终端"设备状态都为"在线"，截图并另存。

（3）同步成功后，将云服务系统"物联网网关"设备传感器页面进行截图。要求体现"上报记录数"大于0，截图并另存。

（4）同步成功后，将云服务系统"4G通信终端"设备传感器页面进行截图。要求体现"上报记录数"大于0，截图并另存。

六、任务学习相关知识点

（一）云平台

云平台（见图3-197）是一种基于云计算技术构建的软件和服务平台，它提供了一种可靠、灵活、可扩展的方式来构建、部署和管理应用程序和服务。其通常提供计算、存储、网络、数据库、安全、分析和其他相关服务，这些服务可通过互联网进行访问和管理，用户可以根据自己的需要来选择和配置。

图3-197　云平台

1. 云平台分类

从部署位置、访问策略、服务目标用户等角度，云平台可以分为公有云、私有云和混合云。

公有云是面向公众的云计算服务。公有云的资源由服务提供商管理，用户可以通过互联网按需使用资源，不需要购买或维护硬件和软件基础设施。

由于公有云在一些方面存在局限性，比如数据安全、系统稳定性、网络访问性能、集成能力等，许多拥有较多IT资源和软件系统的企业用户会选择私有云。

私有云是一种专用的云计算服务，只对内部用户开放，资源由组织或企业独立管理和控制。私有云可以运行在企业自己的数据中心或第三方托管数据中心，可以提供更高的安全性和可定制性。但若出现突发性需求增长，私有云因规模有限，难以快速扩展。

2. 云平台服务模式

对于中小型企业和创业公司来说，公有云平台提供了可扩展的基础设施和服务，避免了价格高昂的硬件和软件基础设施，较为经济。

根据提供服务的内容，云平台可分为基础设施即服务（IaaS）、平台即服务（PaaS）和软件即服务（SaaS）三种服务模式。

IaaS是一种提供基础设施层的云计算服务，包括计算、存储和网络资源。用户可以根据需要动态地调整和扩展其计算和存储资源，而应用程序和操作系统需要用户自行管理和维护。

PaaS是一种提供平台层的云计算服务，包括应用程序开发、部署和运行环境，即提供了一个完整的开发环境，包括开发工具、数据库、Web 服务器和应用程序框架等。用户可以通过 PaaS 来快速创建、测试和部署应用程序，而不用管理基础设施。

SaaS 是一种提供应用程序层的云计算服务，包括数据中心厂房/建筑、网络防火墙/安全性、服务器和存储、操作系统、开发工具、数据库管理、商业分析、托管的应用程序。

用户可以通过互联网访问和使用应用程序，按照订阅模式支付相应的费用即可使用。

3. SaaS

实际上，对于很多企业而言，与 SaaS 的接触更多。常见的 SaaS 如下。

企业管理软件：包括人力资源管理、财务管理、采购管理、客户关系管理等，帮助企业提高工作效率、管理流程、降低成本。

项目管理软件：帮助企业管理项目进度，进行任务分配、协作等，提高项目管理效率。

综合能源管理软件：包括电力运维、能源管理、安全用电、光储一体化、空调管理、充电桩、综合计费等，帮助企业高效、安全用电，节能减排。

电子邮件和协作工具：如企业邮件、即时通信、日程安排等，帮助提高员工协作效率。

客户服务软件：如客户服务台、在线客服、客户反馈等，帮助企业提供更好的客户服务。

销售管理软件：包括销售跟踪、客户管理等，帮助提高销售效率和业绩。

数字营销工具：包括搜索引擎优化、社交媒体营销、电子邮件营销等，帮助企业扩大品牌知名度、提高销售额。

随着经济和科技发展，互联网的工具属性将进一步增强，SaaS 软件降本增效的属性越来越受人青睐。

（二）物联网云平台

物联网和普通的互联网有很大不同，有的物联网设备的数据传输量非常小，一次只传输几十个字节，大部分时间是休眠的，如智能电表、智能水表，适用于低功耗、远距离传输，但有的设备的数据传输量非常大，如智能监控、智能摄像头；终端数量，比起普通互联网，物联网的终端数量可以用海量来形容，比普通互联网的手机、计算机终端数量要多出几个数量级；协议类型，普通互联网利用 http、https 访问，协议相对单一，物联网中的有些设备需要更轻量级的协议访问方式，不仅局限于手机和计算机具有的以太网、WiFi、移动通信，还有 LoRa、NB-IoT 等方式。

1. 通用物联网云平台

根据物联网云平台的功能其可划分为通用与专用两类，通用物联网云平台需要具备下面几个基本功能。

（1）设备通信：这是物联网最基本的功能，需要定义好通信协议，可以和设备正常通信；提供不同网络的设备接入方案，例如 2/3/4G、NB-IoT、LoRa 等；提供设备端 SDK，提供一定的 SDK 源代码，减少客户的工作量。

（2）设备管理：管理设备的合法性，每个设备需要有一个唯一的标志。控制设备的接入权限，管理设备的在线、离线状态，设备的在线升级，设备的注册、删除、禁用等。

（3）数据存储：海量的连接数量和海量的数据，必须有可靠的数据存储。

（4）安全管理：接入物联网的设备五花八门，需要对设备的安全连接做出充分保障，一旦信息泄露会造成极其严重的后果。对不同接入设备要设有不同的权限级别。

（5）人工智能处理：物联网海量的数据很多时候需要做分析处理，里面蕴含着极高的商业价值。

2. 专用物联网云平台

由于物联网具有的多样性，以上基本功能在一些场合不能完全满足用户的需求，这样就有了专用的物联网云平台，比如单独的车联网平台、单独的工业物联网平台、单独的智能家居平台等。

3.2.7　智慧物流仓储管理系统 PC 端配置与调试

一、任务目标

（一）任务描述

在智慧物流仓储管理系统中，PC 端设备可以用于与感知层、网络层、云平台和应用层进行交互。在本学习任务中，需要完成 PC 端的参数配置和调试，实现 PC 端对系统的监控和管理等功能。

（二）学习目标

在本任务的学习过程中，将完成智慧物流仓储管理系统方案设计，要达成的学习目标如表 3-112 所示。

表 3-112　学习目标

学习目标		
目标类型	序号	学习目标
知识目标	K1	能简述 PC 端在物联网系统中的作用
	K2	能简述 PC 端参数设置及项目配置要点
能力目标	S1	能正确配置 PC 端参数
	S2	能正确配置 PC 端项目设备参数
	S3	能实现智慧物流仓储管理系统环境监测与控制
	S4	能正确配置 PC 端与 Web 端接口，实现低频射频卡与员工身份的绑定，员工考勤及考勤记录查询
	S5	能正确进行产品打包，实现 UHF 电子标签与仓储产品的绑定、产品条码打印、产品入库和出库及产品库存情况查询
	S6	能分析 PC 端配置过程中出现的问题及原因，并排除故障完成调试
素质目标	Q1	能按 6S 规范进行实训台整理
	Q2	能按规范标准进行系统和设备操作
	Q3	能按要求做好任务记录和填写任务单
	Q4	能按时按要求完成学习任务
	Q5	能与小组成员协作完成学习任务
	Q6	能结合评价表进行个人学习目标达成情况评价和反思
	Q7	能积极参与课堂教学活动
	Q8	能积极主动进行课前预习和课后拓展练习

（三）任务单

请按任务实施步骤完成学习任务，完整填写任务单（见表 3-113）中各项内容。

表 3-113　智慧物流仓储管理系统 PC 端配置与调试任务单

智慧物流仓储管理系统 PC 端配置与调试任务单				
小组序号和名称			组内角色	
小组成员				
任务准备				
1. PC		4. IoT 系统软件包		
2. IoT 实训台		5. IoT 系统工具包		
3. IoT 系统设备箱		6. 加入在线班级		
任务实施				
智慧物流仓储管理系统 PC 端配置与调试目标				
智慧物流仓储管理系统 PC 端配置相关设备				
智慧物流仓储管理系统 PC 端配置流程				
PC 端配置与调试过程中遇到的故障记录				
故障现象	解决方法			
总结 PC 端配置与调试过程中的注意事项和建议				
目标达成情况	知识目标		能力目标		素质目标
综合评价结果				

二、任务实施

请按照如下流程完成当前学习任务。

（一）资讯

小提示： 在智慧物流仓储管理系统中，PC 是系统的客户终端设备之一，可以用于与感知层、网络层、云平台和应用层进行交互。通过 PC 端，可以实现对物联网系统的监控和管理等功能。

（二）计划、决策

引导问题： 参考智慧物流仓储管理系统的硬件连线图，请在 PC 端配置设备确认任务单（见表 3-114）中列出需要进行配置的设备。

PC 端配置任务单

表 3-114　PC 端配置设备确认任务单

PC 端配置设备确认任务单	
序号	设备名称
1	
2	
3	
4	
5	

（三）实施

1. 连接参数配置

引导问题：在 PC 端实现智慧物流仓储管理系统的应用功能，需要将终端设备与云平台及硬件设备进行关联。请回顾云平台的参数设置及系统各硬件配置情况，将连接参数填写到 PC 端连接任务单（见表 3-115）中。

表 3-115　PC 端连接任务单

PC 端连接任务单		
序号	名称	具体参数
1	云平台 IP 地址	
2	云平台端口号	
3	云平台项目标识	
4	云平台用户名	
5	云平台密码	
6	服务端 IP 地址	
7	服务端端口号	
8	传感器	
9	执行器	
10	低频读卡器连接端口	
11	UHF 阅读器连接端口	

连接参数设置步骤如下。

（1）双击打开安装完成的行业基础实训平台软件，如图 3-198 所示。

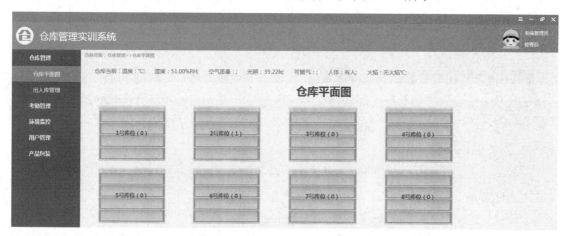

图 3-198　行业基础实训平台软件

（2）输入系统管理员用户名和密码。

🔊 **小提示**：PC 端只有系统管理员有权限登录。用户名：admin（系统管理员），密码：admin，进入系统后不能删除和更改管理员账号，如图 3-199 所示。

（3）单击"设置"按钮，进入连接参数设置界面，如图 3-200 所示，进行 PC 端和云平台的连接。

图 3-199 登录

图 3-200 连接参数设置

小提示：云平台访问地址是指云平台的 IP 地址与端口号（如 192.168.1.112:8020）；项目标识是指在云平台上创建的项目的标识；用户名与密码使用云平台注册时的用户名与密码；服务端访问地址是指系统 Web 网页端的 IP 地址与端口号（如 192.168.1.112:8010）。

（4）单击"配置"按钮，弹出设备配置界面，选择相应的硬件设备或端口号进行配置，如图 3-201 所示。

图 3-201 设备配置

（5）单击"保存"按钮，登录仓库管理实训系统。

（6）登录成功后，界面右上角显示用户个人信息，包括名称、类型、头像，如图 3-202 所示。单击右上角图标，选择"关于"，显示系统的相关信息，包括系统名称、版本号、所属公司、公司网址、电话等信息，如图 3-203 所示。单击右上角图标，选择"退出"，可以返回登录界面。

图 3-202 用户个人信息

图 3-203　系统相关信息

2. 产品打包及出入库配置与调试

引导问题：在 PC 端需要实现智慧物流仓储管理系统的产品自动识别和智能化出入库管理功能，请结合所学专业知识思考，如何进行产品的智能化标识和自动识别？

小提示：在智慧物流仓储管理系统中，可运用 RFID 技术将仓储系统中的所有产品进行智能标识和自动化识别，即需要将 UHF 电子标签与产品进行绑定，再运用相应 UHF 阅读器实现对 UHF 电子标签的自动识别，从而实现产品出入库操作的自动化和智能化。

请运用 UHF 阅读器及 UHF 电子标签按操作步骤进行产品打包和出入库，并将相关信息填写到表 3-116 中。

表 3-116　产品打包与出入库任务单

产品打包与出入库任务单			
1	产品名称		
2	条码		
3	入库库位		
4	入库时间		
5	出库时间		

产品打包配置及出入库操作步骤如下。

（1）产品打包

选择"产品包装"，进入如图 3-204 所示界面，可进行产品的打包处理。

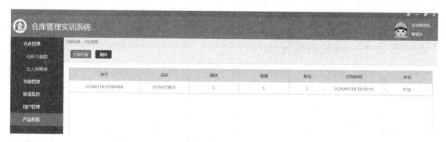

图 3-204　产品打包

小提示：产品打包操作是指将产品与 UHF 电子标签进行一对一绑定，通过 UHF 电子标签的唯一 ID 实现产品的智能化标识。

将 UHF 电子标签放在 UHF 阅读器上进行信息录入，录入产品信息后，单击"保存"按钮进行产品打包，产品包装列表上会出现一条产品信息，同时条码打印机会打印出一张含产品信息的条码，如图 3-205～图 3-208 所示。

如果打包产品时出现信息录入错误，可以选择该产品，单击"删除"按钮，即可对打包的产品进行删除。

图 3-205　产品打包信息编辑

图 3-206　UHF 电子标签识别

图 3-207　产品包装列表

行业基础实验平台
产品条码：**2024071811060879**
产品名称：**乌龙茶**
产品规格：**500**
产品单位：**ml**

图 3-208　条码

（2）产品入库

选择"仓库管理"→"出入库管理"，在出入库列表中显示"已入库"和"已出库"的产品，可以按时间或者关键字进行查询，如图 3-209 所示。

图 3-209　出入库界面

单击"入库"按钮，可进入入库界面，对已打包的产品进行入库操作。选择库位，即要把产品放入哪个仓库，单击"扫描"图标，将绑定了打包产品的 UHF 电子标签放在 UHF 阅读器上进行扫描读取，并将读取到的打包产品信息显示在入库列表里，如图 3-210、图 3-211所示。

图 3-210 库位选择

图 3-211 入库列表

单击"入库"按钮，可以将入库列表内的打包产品进行一次性入库操作，如图 3-212所示。

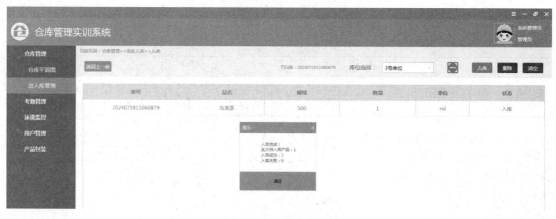

图 3-212 入库成功提示

（3）产品出库

在图 3-209 所示界面中单击"出库"按钮，进入出库界面，可以对已入库的产品进行出库操作，如图 3-213 所示。

图 3-213　产品出库

单击"扫描"图标，将绑定了入库产品的 UHF 电子标签放在 UHF 阅读器上进行扫描读取，读取到的已入库产品信息会显示在出库列表里，如图 3-214 所示。单击"出库"按钮，可以将出库列表内的产品一次性出库，如图 3-215 所示。

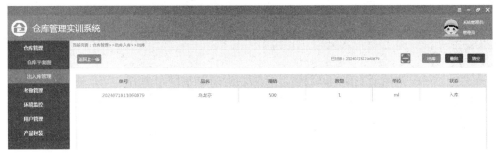

图 3-214　出库列表

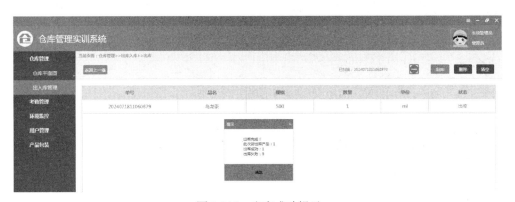

图 3-215　出库成功提示

选中产品，单击"删除"按钮，可以将该产品删除，如图 3-216、图 3-217 所示。

图 3-216　选中产品

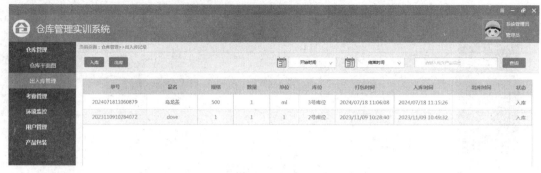

图 3-217　删除产品

单击"清空"按钮，可以将出库列表中的所有产品清空，如图 3-218 所示。

图 3-218　清空产品

（4）库存情况查询

选择"仓库管理"→"仓库平面图"，进入库存情况查询界面，可以显示每个库位中入库的产品数量。如 3 号库位中有 1 个入库产品，单击 3 号库位可以查看详情，如图 3-219、图 3-220 所示。

小提示：在仓库平面图中可以查看库位当前的环境状况，包括温湿度、空气质量、光照强度、可燃气体、有无人体、火焰情况等。

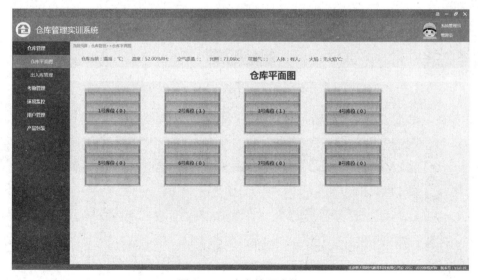

图 3-219　库存情况查询

图 3-220　查看库位详情

3. 员工考勤管理配置与调试

引导问题：在 PC 端需要实现智慧物流仓储管理系统的员工考勤功能，请结合所学专业知识思考，可以运用什么技术来实现。

小提示：在智慧物流仓储管理系统中，可在 PC 端实现智慧物流仓储管理系统的员工考勤功能，可以采用 RFID 技术，将员工身份信息与低频射频卡/钥匙扣进行绑定，再运用相应低频读卡器实现对低频射频卡/钥匙扣的自动识别，从而实现员工考勤的自动化和智能化管理。

请运用系统中的低频射频卡/钥匙扣及低频读卡器按操作步骤进行员工考勤管理，并将相关信息填写到表 3-117 中。

表 3-117　员工考勤任务单

员工考勤任务单			
1	员工名称		
2	低频射频卡 ID		
3	上班时间		

小提示：因为涉及低频读卡器 COM 端口唯一问题，所以在 PC 端进行低频射频卡/钥匙扣与员工身份信息绑定的操作时，要把 Web 服务端应用关闭。

员工考勤管理操作步骤如下。

（1）用户管理

选择"用户管理"，进入用户管理界面，单击"添加"按钮，弹出文本框，可添加用户信息，如图 3-221 所示。

图 3-221　添加用户信息

将低频射频卡/钥匙扣放在低频读卡器（见图 3-222）上，单击"读取"按钮，会显示与低频射频卡/钥匙扣绑定的信息，如图 3-223 所示。

图 3-222　用低频读卡器读卡

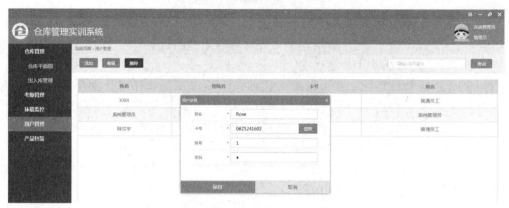

图 3-223　显示与低频射频卡/钥匙扣绑定的信息

单击"保存"按钮，用户添加完成，如图 3-224 所示。

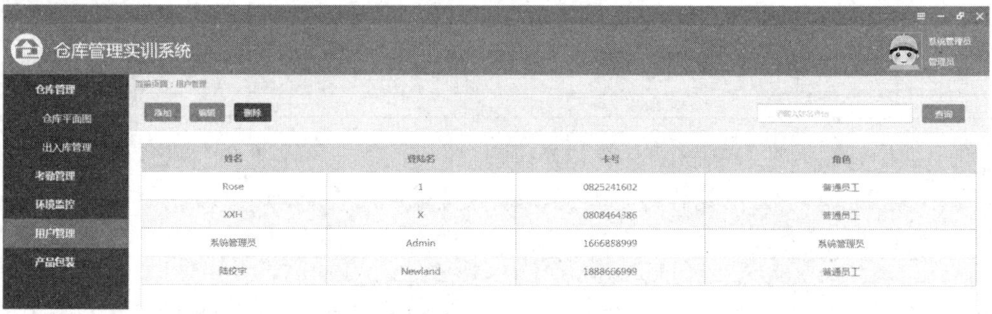

图 3-224　用户添加完成

在右上角文本框中输入用户姓名，单击"查询"按钮，可以快速查询用户的信息，如图 3-225 所示。如果需要修改用户信息，可以将其选中进行修改，如图 3-226 所示。

图 3-225　查询用户信息

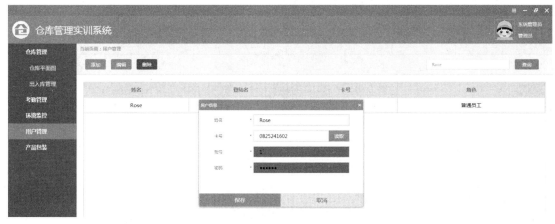

图 3-226 修改用户信息

如果需要删除用户，可以将其选中进行删除，如图 3-227、图 3-228 所示。

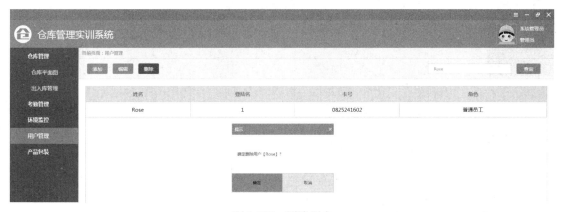

图 3-227 删除用户

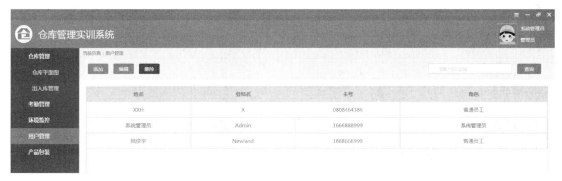

图 3-228 删除完成

（2）Web 服务端考勤打卡

刷卡设备开启时，员工可进行考勤打卡，如图 3-229 所示。打卡成功后，会显示打卡成功及打卡时间等提示。同时，在 PC 端的考勤管理列表中出现打卡成功的用户信息。

（3）PC 端考勤查询

在 PC 端可以按时间进行员工的打卡情况查询，如图 3-230 所示。

图 3-229　考勤打卡

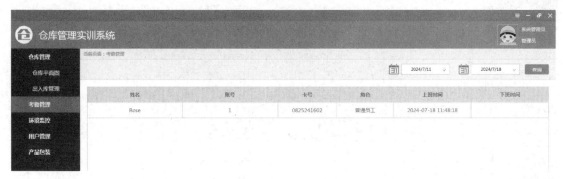

图 3-230　PC 端考勤查询

4. 仓库环境监控

小提示：在智慧物流仓储管理系统中，如果在云平台上能采集到所有传感器的数据和能进行所有执行器的控制，在 PC 端配置好系统连接参数后，不需要做额外的参数配置，在环境监控界面可以直接显示所有传感器的数据，也可以对执行器进行控制。

请将环境监控相关信息填写到表 3-118 中。

表 3-118　环境监控任务单

环境监控任务单			
序号	传感器	参数信息	继电器	功能实现情况（√/×）
1				
2				
3				
4				
5				
6				
7				

仓库的环境监控情况如图 3-231 所示。

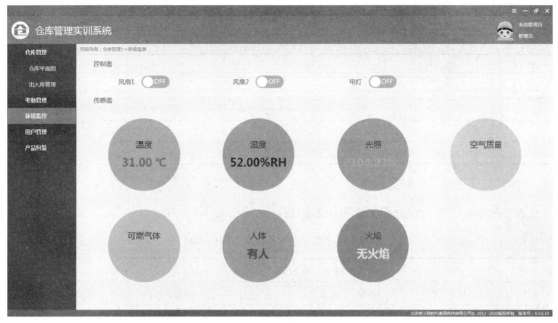

图 3-231 仓库环境监控情况

（四）检查、评估

请结合任务实施情况，进行任务检查互评，将评价情况填写在表 3-119 中。

表 3-119 任务实施情况互查表

任务实施情况互查表			
学习任务名称			
小组		姓名	
序号	任务完成目标		目标达成情况
1	能按时按要求完成任务	A：按时全部完成 B：未按时完成	
2	能按时按要求完成任务单填写	A：完整且正确 B：不完整	
3	能按规范操作步骤完成 PC 端连接参数配置	A：规范且参数设置正确 B：不规范/参数部分错误	
4	能实现产品出入库功能	A：全部实现 B：部分实现	
5	能实现员工考勤管理功能	A：全部实现 B：部分实现	
6	能实现系统的实时环境监控	A：全部实现 B：部分实现	
评价人			

（五）任务优化

请结合任务评价情况进行任务优化，并将优化信息填写在表 3-120 中。

表 3-120　优化情况记录表

优化情况记录表			
序号	优化点	优化原因	优化方法

（六）整理设备工具和实训台

请对照设备清单，检查和记录出现的问题，记录在表 3-121 中。

表 3-121　实训台设备清点整理检查单

实训台设备清点整理检查单							
序号	设备名称	数量	检查记录	序号	设备名称	数量	检查记录
1	移动工控终端	1		17	ZigBee 四通道模拟量采集器	1	
2	有线温湿度传感器	1		18	ADAM-4150 数字量采集器	1	
3	有线光照传感器	1		19	条码打印机	1	
4	有线人体红外传感器	1		20	超高频 UHF 阅读器	1	
5	光照传感器	1		21	低频读卡器	1	
6	温湿度传感器	1		22	条码扫描枪	1	
7	人体红外传感器	1		23	USB 转串口线	1	
8	可燃气体传感器	1		24	USB 数据线	4	
9	空气质量传感器	1		25	ZigBee 智能节点盒充电器	1	
10	火焰传感器	1		26	低频射频卡	3	
11	单联继电器	1		27	超高频 UHF 电子标签	3	
12	双联继电器	4		28	ZigBee 烧写器及数据线	1	
13	风扇	1		29	钥匙扣	2	
14	LED 灯（灯泡+灯座）	1		30	IoT 工具箱	2	
15	ZigBee 智能节点盒	1		31	网线	2	
16	物联网智能网关	1		32	各设备配套电源线和数据线		
缺损记录							
计算机和移动工控终端电源是否关闭							
实训台电源是否关闭							
ZigBee 模块电源是否关闭							
实训台桌面是否整理清洁							
工具箱是否已经整理归位							

三、任务学习评价反馈

请结合学习任务完成情况及任务学习评价标准参考表（见表3-122）进行自评、互评、师评和综合评价，评价情况填入表3-123中，并将综合评价结果填到表3-113中。其中，各评价的权重分别是：自评占20%、互评占20%、师评占60%，即综合评价=自评×20%+互评×20%+师评×60%。

表 3-122　任务学习评价标准参考表

任务学习评价标准参考表							
目标类型	序号	评价指标	评价标准	分数	评价标准	分数	评价标准	分数
知识目标	K1	能简述 PC 端在物联网系统中的作用	正确完整	8	部分正确	4	不能	0
	K2	能简述 PC 端参数设置及项目配置要点	正确完整	8	部分正确	4	不能	0
能力目标	S1	能正确配置 PC 端参数	正确完整	6	部分正确	3	不能	0
	S2	能正确配置 PC 端项目设备参数	正确完整	6	部分正确	3	不能	0
	S3	能实现智慧物流仓储管理系统环境监测与控制	正确完整	6	部分正确	3	不能	0
	S4	能正确配置 PC 端与 Web 端接口，实现低频射频卡与员工身份的绑定，员工考勤及考勤记录查询	正确完整	6	部分正确	3	不能	0
	S5	能正确进行产品打包,实现 UHF 电子标签与仓储产品的绑定、产品条码打印、产品入库和出库及产品库存情况查询	正确完整	6	部分正确	3	不能	0
	S6	能分析 PC 端配置过程中出现的问题及原因，并排除故障完成调试	正确完整	6	部分正确	3	不能	0
素质目标	Q1	能按 6S 规范进行实训台整理	规范	6	不规范	3	未做	0
	Q2	能按规范标准进行系统和设备操作	规范	6	不规范	3	未做	0
	Q3	能按要求做好任务记录和填写任务单	完整	6	不完整	3	未做	0
	Q4	能按时按要求完成学习任务	按时完成	6	补做	3	未做	0
	Q5	能与小组成员协作完成学习任务	充分参与	6	不参与	0		

任务学习评价标准参考表							
目标类型	序号	评价指标	评价标准	分数	评价标准	分数	评价标准	分数
素质目标	Q6	能结合评价表进行个人学习目标达成情况评价和反思	充分参与	6	不参与	0		
	Q7	能积极参与课堂教学活动	充分参与	6	不参与	0		
	Q8	能积极主动进行课前预习和课后拓展练习	进行	6	未进行	0		

表 3-123 任务学习评价表

任务学习目标达成评价表							
目标类型	序号	具体目标	分数	自评	互评	师评	综合评价
知识目标	K1	能简述 PC 端在物联网系统中的作用	8				
	K2	能简述 PC 端参数设置及项目配置要点	8				
能力目标	S1	能正确配置 PC 端参数	6				
	S2	能正确配置 PC 端项目设备参数	6				
	S3	能实现智慧物流仓储管理系统环境监测与控制	6				
	S4	能正确配置 PC 端与 Web 端接口,实现低频射频卡与员工身份的绑定,员工考勤及考勤记录查询	6				
	S5	能正确进行产品打包,实现 UHF 电子标签与仓储产品的绑定、产品条码打印、产品入库和出库及产品库存情况查询	6				
	S6	能分析 PC 端配置过程中出现的问题及原因,并排除故障完成调试	6				
素质目标	Q1	能按 6S 规范进行实训台整理	6				
	Q2	能按规范标准进行系统和设备操作	6				
	Q3	能按要求做好任务记录和填写任务单	6				
	Q4	能按时按要求完成学习任务	6				
	Q5	能与小组成员协作完成学习任务	6				
	Q6	能结合评价表进行个人学习目标达成情况评价和反思	6				
	Q7	能积极参与课堂教学活动	6				
	Q8	能积极主动进行课前预习和课后拓展练习	6				
项目总评							
评价人							

四、任务学习总结与反思

请结合任务的学习情况，进行学习反思和总结，写出在知识、能力、素质三个方面的学习事实、学习收获、存在问题及未来计划努力方向，记录在表 3-124 中。

表 3-124　4F 反思总结表

4F 反思总结表			
	知识	能力	素质
Facts 事实（学习）			
Feelings 感受（收获）			
Finds 发现（问题）			
Future 未来（计划）			

五、任务学习拓展练习

结合生活实际，思考在智慧物流仓储管理系统中在 PC 端还能实现哪些创新功能，并思考需要使用哪些设备，记录在表 3-125 中。

表 3-125　拓展练习记录表

PC 端创新功能	设备需求

六、任务学习相关知识点

1. 物联网系统 PC 端

具体来说，PC 端在物联网系统中可以实现以下功能。

（1）数据采集和监控：通过传感器等设备，实时采集物联网系统中的各类数据，并将其显示在 PC 端的界面上，方便用户进行实时监控和数据分析。

（2）设备连接和控制：PC 端可以通过物联网系统与各类设备连接，实现对设备的远程控制和操作，如远程开关灯、控制家居设备等。

（3）通信互联：PC 端可以通过物联网系统实现与其他设备和用户的通信互联，如通过消息推送、语音通话、视频监控等方式进行交流和沟通。

（4）数据存储和处理：PC 端可以通过物联网系统将采集到的数据进行存储和处理，方便用户进行后续的数据分析和应用。

（5）智能应用：PC 端可以通过物联网系统实现各类智能应用，如智能家居控制、智能车载系统等，提升用户的生活和工作体验。

总之，PC 端在物联网系统中扮演着重要的角色，作为用户的终端设备，通过与物联网系统的交互，实现各种功能。

2. RFID 技术

智慧物流仓储管理系统中运用了低频 RFID 技术和超高频 RFID 技术。

射频识别（RFID）技术，是 20 世纪 80 年代发展起来的一种新兴自动识别技术，利用射频信号通过空间耦合（交变磁场或电磁场）实现无接触信息传递并通过所传递的信息达到识别目的。RFID 是一种非接触式的自动识别技术，也是一种无线通信技术，它通过射频信号自动识别目标对象并获取相关数据，识别工作无须人工干预，可工作于各种恶劣环境。

RFID 是一种能够让物品"开口说话"的技术，也是物联网感知层的一个关键技术。在对物联网的构想中，RFID 标签中存储着规范而具有互用性的信息，通过有线或无线的方式把它们自动采集到中央信息系统，实现物品（商品）的识别，进而通过开放式的计算机网络实现信息交换和共享，实现对物品的"透明"管理。

射频识别系统因应用不同其组成会有所不同，但基本应包括阅读器（Reader，也称为读卡器、读写器等）与电子标签（TAG，也称射频标签、射频卡、应答器等），另外应包括主机（PC）、上层应用软件，较大的系统还包括通信网络和主计算机等，如图 3-232 所示。

图 3-232　射频识别系统组成

阅读器（见图 3-233）是用于读写电子标签的收发器，是电子标签与 PC 进行信息交换的桥梁，而且常常是电子标签能量的来源。其核心通常为工作可靠的工业控制单片机，如 Intel 的 51 系列单片机等。阅读器与电子标签间遵循 ISO/IEC 国际标准通信协议，阅读器以非接触方式对电子标签读写，并通过 RS-232 串行接口或 USB 接口等以实时或非实时方式与 PC 通信，实现电子标签与 PC 间信息的上传下达。

图 3-233　阅读器

电子标签是携带数据的发射器。电子标签内存有一定格式的电子数据，常以此作为待识别物品的标识性信息。实际应用中将电子标签附着在待识别物品上，作为待识别物品的电子标记。

电子标签通常由标签天线（或线圈）、耦合元件及标签芯片组成，附着在物品上标识目标对象，每个电子标签具有唯一的电子编码，存储着被识别物品的相关信息。

电子标签具有各种各样的形状，但不是任意形状都能满足阅读距离及工作频率的要求，必须根据系统的工作原理，是磁场耦合（变压器原理）还是电磁场耦合（雷达原理），设计合适的天线外形及尺寸。

根据电子标签内有无电源可将电子标签分为有源电子标签、无源电子标签和半有源电子标签。根据电子标签的工作频率不同可将电子标签分为低频电子标签、高频电子标签、超高频电子标签和微波电子标签。电子标签工作频率越高，通信速率越快，系统工作时间越短。

低频电子标签工作频率范围为 30～300kHz，主要有 125kHz 和 134.2kHz 两种，大多在短距离、低成本的系统中应用，如用于门禁、校园卡、动物监管、货物跟踪等。高频电子标签工作频率范围为 3～30MHz，典型工作频率为 13.56MHz，常用于门禁控制和需传送大量数据的应用系统。超高频电子标签工作频率范围为 300MHz～2GHz，典型工作频率有 433MHz、915MHz、933MHz 等，识别距离较远，常用于图书、物流等管理系统的物品标识。微波电子标签工作频率在 2GHz 以上，典型工作频率有 2.45GHz、5.8GHz，应用于较远读写距离和高速度读写的场合，如火车监控、高速公路收费等，其天线波束方向较窄且价格较高。

高频电子标签卡、低频电子标签、超高频电子标签如图 3-234 所示。

图 3-234　高频电子标签、低频电子标签、超高频电子标签

3.2.8　智慧物流仓储管理系统安卓端配置与调试

一、任务目标

（一）任务描述

在智慧物流仓储管理系统中，安卓端设备可以用于系统与感知层、网络层、云平台和应用层进行交互。在本学习任务中，需要完成安卓端的参数配置和调试，实现安卓端对系统的监控和管理等功能。

（二）学习目标

在本任务的学习过程中，将完成智慧物流仓储管理系统方案设计，要达成的学习目标如表 3-126 所示。

表 3-126　学习目标

学习目标		
目标类型	序号	具体学习目标
知识目标	K1	能简述安卓端在物联网系统中的作用
	K2	能简述安卓端参数设置及项目配置要点
能力目标	S1	能正确配置安卓端参数
	S2	能正确配置安卓端项目设备参数
	S3	能实现安卓端智慧物流仓储管理系统环境监测与控制
	S4	能正确配置安卓端传感器，实现系统安全警报
	S5	能正确配置条码扫描枪实现产品查询
	S6	能分析安卓端配置过程中出现的问题及原因，并排除故障完成调试

学习目标		
目标类型	序号	具体学习目标
素质目标	Q1	能按 6S 规范进行实训台整理
	Q2	能按规范标准进行系统和设备操作
	Q3	能按要求做好任务记录和填写任务单
	Q4	能按时按要求完成学习任务
	Q5	能与小组成员协作完成学习任务
	Q6	能结合评价表进行个人学习目标达成情况评价和反思
	Q7	能积极参与课堂教学活动
	Q8	能积极主动进行课前预习和课后拓展练习

（三）任务单

请按任务实施步骤完成学习任务，填写表 3-127 中各项内容。

表 3-127　智慧物流仓储管理系统安卓端配置与调试任务单

智慧物流仓储管理系统安卓端配置与调试任务单				
小组序号和名称			组内角色	
小组成员				
任务准备				
1. PC		4. IoT 系统软件包		
2. IoT 实训台		5. IoT 系统工具包		
3. IoT 系统设备箱		6. 加入在线班级		
任务实施				
智慧物流仓储管理系统安卓端配置与调试目标				
智慧物流仓储管理系统安卓端配置相关设备				
智慧物流仓储管理系统安卓端配置流程				
安卓端配置和调试过程中遇到的故障记录				
故障现象	解决方法			
总结安卓端配置与调试过程中的注意事项和建议				
目标达成情况	知识目标		能力目标	素质目标
综合评价结果				

二、任务实施

请按照如下流程完成当前学习任务。

（一）资讯

小提示：在智慧物流仓储管理系统中，安卓端是系统的终端之一，可以用于与感知层、网络层、云平台和应用层进行交互。通过安卓端，可以实现对物联网系统的监控和管理等功能。

（二）计划、决策

引导问题：参考智慧物流仓储管理系统的硬件连线图，请在表 3-128 中列出需要进行配置的设备。

表 3-128　安卓端配置设备确认任务单

安卓端配置设备确认任务单	
序号	设备名称
1	
2	
3	
4	
5	

（三）实施

1. 连接参数设置

引导问题：在安卓端实现智慧物流仓储管理系统的应用功能，需要将终端设备与云平台及硬件设备进行关联。请确保安卓端已经通过 WiFi 或有线网络方式连接系统路由器和云平台。请回顾云平台的参数设置及系统各硬件配置情况，并将连接参数填写到表 3-129 中。

安卓端配置任务单

表 3-129　安卓端连接任务单

安卓端连接任务单		
序号	名称	具体参数
1	云平台 IP 地址	
2	云平台端口号	
3	云平台项目标识	
4	服务端 IP 地址	
5	服务端端口号	
6	传感器	
7	执行器	
8	条码扫描枪连接端口	

连接参数设置步骤如下。

（1）双击打开安卓端已经安装好的系统，如图 3-235 所示。

进入产品查询界面，如果在未设置云平台服务地址的情况下切换至安全警报、环境监控界面，则在界面下方会出现提示"请先设置云平台服务地址"，如图 3-236 所示。

图 3-235 安卓端系统

图 3-236 云平台服务地址设置提醒

（2）单击界面右上角"设置"按钮进行设备连接参数设置，如图 3-237 所示。

小提示：在云平台服务地址中输入云平台的 IP 地址与端口号（如 192.168.14.28:8010）；云平台项目标识是在云平台上创建的项目的标识；在系统服务地址中输入 Web 网页端的 IP 地址与端口号（如 192.168.14.28:8011）；设备配置是指配置条码扫描枪接入安卓端的 COM 端口。

云平台项目标识用于绑定该网关下添加的所有传感器和执行器，从而获取云平台上的传感器数据和控制相应执行器开关。

将参数配置完成之后单击"保存"按钮，则显示"配置成功"，如图 3-238 所示。

图 3-237 设备连接参数设置

图 3-238 配置成功提示

（3）单击"项目配置"按钮进行设备配置。

小提示：如未保存云平台设置时就单击"项目配置"按钮进行传感器选择，会提示"获取设备列表数据失败"，即要先设置云平台再进行项目配置选择传感器，才能选择成功，如图 3-239～图 3-240 所示。

图 3-239 获取设备列表数据失败

图 3-240 配置样例

小提示：仓库环境传感器配置 ZigBee 传感器，室外环境传感器（四输入）配置 ZigBee 四输入连接的传感器，仓库环境控制器配置云平台上相应的执行器。

单击下拉菜单配置相应传感器和执行器，如图 3-241、图 3-242 所示。

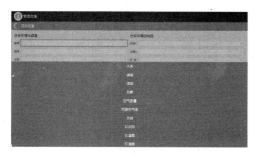

图 3-241　下拉菜单内容

图 3-242　项目配置

小提示：如果未进行相应的传感器配置，切换至环境监控界面查看传感器时，则不会显示该传感器数据；如果未进行执行器的配置，单击环境监控界面中开关按钮，则会提示"未找到指定的执行器"，如图 3-243 所示。

2. 产品查询

在产品查询界面可查到 PC 端已打包好的产品信息，包括：条码、品名、规格、数量、单位、状态，单击"查询"按钮，则显示所有产品信息，如图 3-244 所示。

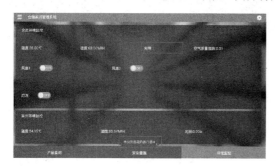

图 3-243　未找到执行器提示

图 3-244　查询界面

可在产品查询文本框中手动输入条码，单击"查询"按钮进行查询，也可以使用条码扫描枪（见图 3-245）对准产品打包时打印出来的条码进行扫描，查询相应的产品信息，如图 3-246 所示。

图 3-245　条码扫描枪

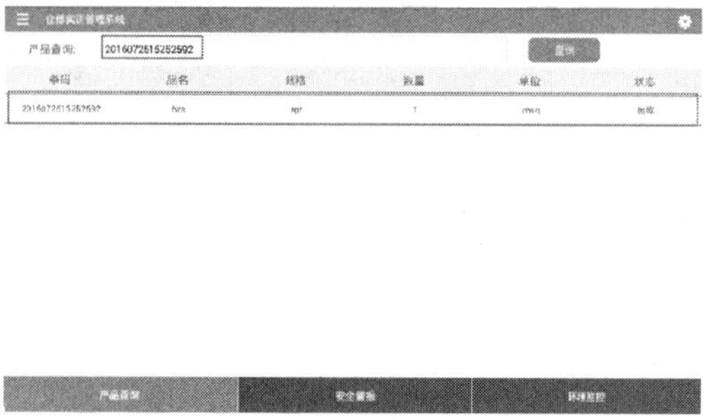

图 3-246　查询产品信息

3. 安全警报

引导问题：请结合专业知识思考，智慧物流仓储管理系统中存在哪些安全隐患，如何实现系统的安全警报功能。请将可以应用的传感器填写在安全警报任务单（见表 3-130）中。

表 3-130　安全警报任务单

安全警报任务单		
序号	设备名称	具体功能
1		
2		
3		
4		

🔊**小提示**：在安全警报界面中，当触发相应传感器时会显示报警提示。未触发传感器时界面如图 3-247 所示；当触发人体传感器时，则提示"检测到仓库中有人！！"，如图 3-248 所示；当检测到火焰时，则提示"检测到仓库中有火情出现，请灭火处理！"，如图 3-249 所示；当触发可燃气体传感器时，则提示"可燃气体 ppm 为 xxx 超过正常标准！！！"（程序设定标准浓度是 5000ppm，超过后就会报警提示），如图 3-250 所示。

图 3-247　未触发传感器

图 3-248　触发人体传感器

图 3-249　检测到火焰

图 3-250　触发可燃气体传感器

4. 环境监控

🔊**小提示**：在智慧物流仓储管理系统中，如果在云平台上能采集到所有传感器的数据和能进行所有执行器的控制，在安卓端配置好系统连接参数后，不需要做额外的参数配置，在环境监控界面（见图 3-251）中可以直接显示所有传感器的数据，也可以对执行器进行控制。

请将环境监控相关信息填写到表 3-131 中。

表 3-131　环境监控任务单

环境监控任务单				
序号	传感器	参数信息	继电器	功能实现情况（√／×）
1				
2				
3				
4				
5				
6				
7				

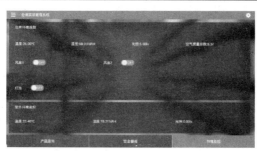

图 3-251　环境监控界面

（四）检查、评估

请结合任务实施情况，进行任务检查互评，将评价情况填写在表 3-132 中。

表 3-132　任务实施情况互查表

任务实施情况互查表			
学习任务名称			
小组		姓名	
序号	任务完成目标		目标达成情况
1	能按时按要求完成任务	A：按时全部完成 B：未按时完成	
2	能按时按要求完成任务单填写	A：完整且正确 B：不完整	
3	能按规范操作步骤完成安卓端系统参数配置	A：规范且参数设置正确 B：不规范/参数部分错误	
4	能在安卓端实现环境监测和控制	A：全部实现 B：部分实现	
5	能在安卓端实现安全警报	A：全部实现 B：部分实现	
6	能在安卓端实现产品查询	A：全部实现 B：部分实现	
评价人			

（五）任务优化

请结合任务评价情况进行任务优化，并将优化信息填写在表 3-133 中。

表 3-133　优化情况记录表

优化情况记录表			
序号	优化点	优化原因	优化方法

（六）整理设备工具和实训台

请对照设备清单，检查和记录出现的问题，记录在表 3-134 中。

表 3-134　实训台设备清点整理检查单

实训台设备清点整理检查单							
序号	设备名称	数量	检查记录	序号	设备名称	数量	检查记录
1	移动工控终端	1		17	ZigBee 四通道模拟量采集器	1	
2	有线温湿度传感器	1		18	ADAM-4150 数字量采集器	1	
3	有线光照传感器	1		19	条码打印机	1	
4	有线人体红外传感器	1		20	超高频 UHF 阅读器	1	
5	光照传感器	1		21	低频读卡器	1	
6	温湿度传感器	1		22	条码扫描枪	1	
7	人体红外传感器	1		23	USB 转串口线	1	
8	可燃气体传感器	1		24	USB 数据线	4	
9	空气质量传感器	1		25	ZigBee 智能节点盒充电器	1	
10	火焰传感器	1		26	低频射频卡	3	
11	单联继电器	1		27	超高频 UHF 电子标签	3	
12	双联继电器	4		28	ZigBee 烧写器及数据线	1	
13	风扇	1		29	钥匙扣	2	
14	LED 灯（灯泡+灯座）	1		30	IoT 工具箱	2	
15	ZigBee 智能节点盒	1		31	网线	2	
16	物联网智能网关	1		32	各设备配套电源线和数据线		
缺损记录							
计算机和移动工控终端电源是否关闭							
实训台电源是否关闭							
ZigBee 模块电源是否关闭							
实训台桌面是否整理清洁							
工具箱是否已经整理归位							

三、任务学习评价反馈

请结合学习任务完成情况及任务的学习评价标准参考表（见表 3-135）进行自评、互评、师评和综合评价，评价情况填入表 3-136 中，并将综合评价结果填到表 3-127 中。其中，各评价的权重分别是：自评占 20%、互评占 20%、师评占 60%，即综合评价=自评×20%+互评×20%+师评×60%。

表 3-135 任务学习评价标准参考表

目标类型	序号	评价指标	评价标准	分数	评价标准	分数	评价标准	分数
			任务学习评价标准参考表					
知识目标	K1	能简述安卓端在物联网系统中的作用	正确完整	8	部分正确	4	不能	0
	K2	能简述安卓端参数设置及项目配置要点	正确完整	8	部分正确	4	不能	0
能力目标	S1	能正确配置安卓端参数	正确完整	6	部分正确	3	不能	0
	S2	能正确配置安卓端项目设备参数	正确完整	6	部分正确	3	不能	0
	S3	能实现安卓端智慧物流仓储管理系统环境监测与控制	正确完整	6	部分正确	3	不能	0
	S4	能正确配置安卓端传感器，实现系统安全警报	正确完整	6	部分正确	3	不能	0
	S5	能正确配置条码扫描枪实现产品查询	正确完整	6	部分正确	3	不能	0
	S6	能分析安卓端配置过程中出现的问题及原因，并排除故障完成调试	正确完整	6	部分正确	3	不能	0
素质目标	Q1	能按 6S 规范进行实训台整理	规范	6	不规范	3	未做	0
	Q2	能按规范标准进行系统和设备操作	规范	6	不规范	3	未做	0
	Q3	能按要求做好任务记录和填写任务单	完整	6	不完整	3	未做	0
	Q4	能按时按要求完成学习任务	按时完成	6	补做	3	未做	0
	Q5	能与小组成员协作完成学习任务	充分参与	6	不参与	0		
	Q6	能结合评价表进行个人学习目标达成情况评价和反思	充分参与	6	不参与	0		
	Q7	能积极参与课堂教学活动	充分参与	6	不参与	0		
	Q8	能积极主动进行课前预习和课后拓展练习	进行	6	未进行	0		

表 3-136　任务学习评价表

目标类型	序号	具体目标	分数	自评	互评	师评	综合评价
知识目标	K1	能简述安卓端在物联网系统中的作用	8				
	K2	能简述安卓端参数设置及项目配置要点	8				
能力目标	S1	能正确配置安卓端参数	6				
	S2	能正确配置安卓端项目设备参数	6				
	S3	能实现安卓端智慧物流仓储管理系统环境监测与控制	6				
	S4	能正确配置安卓端传感器，实现系统安全警报	6				
	S5	能正确配置条码扫描枪实现产品查询	6				
	S6	能分析安卓端配置过程中出现的问题及原因，并排除故障完成调试	6				
素质目标	Q1	能按 6S 规范进行实训台整理	6				
	Q2	能按规范标准进行系统和设备操作	6				
	Q3	能按要求做好任务记录和填写任务单	6				
	Q4	能按时按要求完成学习任务	6				
	Q5	能与小组成员协作完成学习任务	6				
	Q6	能结合评价表进行个人学习目标达成情况评价和反思	6				
	Q7	能积极参与课堂教学活动	6				
	Q8	能积极主动进行课前预习和课后拓展练习	6				
项目总评							
评价人							

四、任务学习总结与反思

请结合任务的学习情况，进行学习反思和总结，写出在知识、能力、素质三个方面的学习事实、学习收获、存在问题及未来计划努力方向，记录在表 3-137 中。

表 3-137　4F 反思总结表

4F 反思总结表			
	知识	能力	素质
Facts 事实（学习）			
Feelings 感受（收获）			
Finds 发现（问题）			
Future 未来（计划）			

五、任务学习拓展练习

结合生活实际，思考在智慧物流仓储管理系统中还能在安卓端实现哪些创新功能，并思考需要使用哪些设备，记录在表 3-138 中。

表 3-138 拓展练习记录表

安卓端创新功能	设备需求

六、任务学习相关知识点

1. 物联网系统安卓端

具体来说，安卓端在物联网系统中可以实现以下功能。

（1）数据采集和监控：通过传感器等设备，实时采集物联网系统中的各类数据，并将其显示在安卓端的界面上，方便用户进行实时监控和数据分析。

（2）设备连接和控制：安卓端可以通过物联网系统与各类设备连接，实现对设备的远程控制和操作，如远程开关灯、控制家居设备等。

（3）通信互联：安卓端可以通过物联网系统实现与其他设备和用户的通信互联，如通过消息推送、语音通话、视频监控等方式进行交流和沟通。

（4）数据存储和处理：安卓端可以通过物联网系统将采集到的数据进行存储和处理，方便用户进行后续的数据分析和应用。

（5）智能应用：安卓端可以通过物联网系统实现各类智能应用，如智能家居控制、智能车载系统等，提升用户的生活和工作体验。

总之，安卓端在物联网系统中扮演着重要的角色，作为用户的终端设备，通过与物联网系统的交互，实现各种功能。

2. 条码扫描枪

条码扫描枪，又称为条码阅读器、条码扫描器，是用于读取条码所包含信息的阅读设备，其利用光学原理，把条码的内容解码后通过数据线或者无线的方式传输到计算机或者别的设备，广泛应用于超市、物流、图书馆等行业和场所。

条码扫描枪种类很多，常见的有以下几类。

（1）手持式条码扫描枪

手持式条码扫描枪是 1987 年推出的产品，外形很像超市收款员拿在手上使用的条码扫描枪。手持式条码扫描枪绝大多数采用 CIS 技术，光学分辨率为 200dpi，有黑白、灰度、彩色等多种类型，其中彩色类型一般为 18 位彩色，也有个别高档产品采用 CCD 作为感光器件，可实现 24 位真彩色，扫描效果较好。

（2）平板式条码扫描器

目前市面上大部分的条码扫描器都属于平板式条码扫描器，其是现在的主流产品。这类扫描器光学分辨率为 300～8000dpi，色彩位数从 24 位到 48 位，扫描幅面一般为 A4 或者 A3。平板式的好处在于可以像使用复印机一样，只要把扫描器的上盖打开，不管是书本、报纸、杂志还是照片都可以放上去扫描，相当方便，而且扫描出的效果也是常见条码扫描器中最好的。

手持式条码扫描枪、平板式条码扫描器如图 3-252 所示。

图 3-252　手持式条码扫描枪、平板式条码扫描器

3.3　项目检查评估

3.3.1　项目任务单填写

智慧物流仓储管理系统的功能目标分析、方案设计、电路设计、系统配置和调试至此全部完成，请结合你和小组成员的学习情况，填写项目任务单，并准备进行项目检查评价。

3.3.2　项目检查评价

请结合学习任务完成情况和学习目标达成情况进行自评、互评、师评和综合评价，按照项目评价标准参考表（见表 3-139），将评价结果填到表 3-140 中。其中，各评价的权重分别是：自评占 20%、互评占 20%、师评占 60%，即综合评价=自评×20%+互评×20%+师评×60%。

表 3-139　项目评价标准参考表

项目评价标准参考表						
学习目标	任务编号	任务名称	评价标准	分数	评价标准	分数
子任务目标	3.2.1	智慧物流仓储管理系统方案设计	3.2.1 任务综合评价×10%	10		
	3.2.2	智慧物流仓储管理系统设备组装	3.2.2 任务综合评价×10%	10		
	3.2.3	智慧物流仓储管理系统环境配置与调试	3.2.3 任务综合评价×8%	8		
	3.2.4	智慧物流仓储管理系统无线传感网配置与调试	3.2.4 任务综合评价×20%	20		
	3.2.5	智慧物流仓储管理系统有线传感网配置与调试	3.2.5 任务综合评价×5%	5		
	3.2.6	智慧物流仓储管理系统云平台配置与调试	3.2.6 任务综合评价×20%	20		
	3.2.7	智慧物流仓储管理系统 PC 端配置与调试	3.2.7 任务综合评价×5%	5		
	3.2.8	智慧物流仓储管理系统安卓端配置与调试	3.2.8 任务综合评价×5%	5		

		项目评价标准参考表				
学习目标	任务编号	任务名称	评价标准	分数	评价标准	分数
素质目标	Q1	能按 6S 规范进行实训台整理	规范整洁	2	未做	0
	Q2	能按要求做好项目记录和填写项目任务单	完整	5	未做	0
	Q3	能按时按要求完成项目学习任务	按时完成	2	未做	0
	Q4	能与小组成员协作完成项目学习	充分参与	2	不参与	0
	Q5	能结合评价表进行个人学习目标达成情况评价和反思	充分参与	2	不参与	0
	Q6	能积极参与课堂教学活动	充分参与	2	不参与	0
	Q7	能积极主动进行课前预习和课后拓展练习	充分参与	2	不参与	0

表 3-140　学习评价表

		学习评价表					
学习目标	任务编号	任务名称	分数	自评	互评	师评	综合评价
子任务目标	3.2.1	智慧物流仓储管理系统方案设计	10				
	3.2.2	智慧物流仓储管理系统设备组装	10				
	3.2.3	智慧物流仓储管理系统环境配置与调试	8				
	3.2.4	智慧物流仓储管理系统无线传感网配置与调试	20				
	3.2.5	智慧物流仓储管理系统有线传感网配置与调试	5				
	3.2.6	智慧物流仓储管理系统云平台配置与调试	20				
	3.2.7	智慧物流仓储管理系统 PC 端配置与调试	5				
	3.2.8	智慧物流仓储管理系统安卓端配置与调试	5				
素质目标	Q1	能按 6S 规范进行实训台整理	2				
	Q2	能按要求做好项目记录和填写项目任务单	5				
	Q3	能按时按要求完成项目学习任务	2				
	Q4	能与小组成员协作完成项目学习	2				
	Q5	能结合评价表进行个人学习目标达成情况评价和反思	2				
	Q6	能积极参与课堂教学活动	2				
	Q7	能积极主动进行课前预习和课后拓展练习	2				
		总评	100				
		评价人					

3.4　项目总结反思

请结合项目的学习情况，进行学习反思和总结，写出在本项目的学习中知识、能力、素质三个方面的学习事实、学习收获、存在问题及未来计划努力方向，记录在表 3-141 中。

表 3-141　4F 反思总结表

4F 反思总结表			
	知识	能力	素质
Facts 事实（学习）			
Feelings 感受（收获）			
Finds 发现（问题）			
Future 未来（计划）			

3.5　设备工具整理

请对照设备清单，检查和记录出现的问题，记录在表 3-142 中。

表 3-142　设备清点整理检查单

设备清点整理检查单							
序号	设备名称	数量	检查记录	序号	设备名称	数量	检查记录
1	PC	1		16	ZigBee 四通道模拟量采集器	1	
2	移动实训平台	1		17	ADAM-4150 数字量采集器	1	
3	移动工控终端（PAD）	1		18	ZigBee 烧写器及数据线	1	
4	物联网智能网关	1		19	条码打印机	1	
5	有线温湿度传感器	1		20	超高频 UHF 阅读器	1	
6	有线光照传感器	1		21	低频读卡器	1	
7	有线人体红外传感器	1		22	条码扫描枪	1	
8	光敏二极管传感器	1		23	ZigBee 智能节点盒充电器	1	
9	温湿度传感器	1		24	低频射频卡	1	
10	人体红外传感器	1		25	超高频 UHF 电子标签	3	
11	单联继电器	1		26	钥匙扣	2	
12	双联继电器	1		27	网线	2	
13	ZigBee 智能节点盒	4		28	USB 数据线	4	
14	LED 灯（灯泡+灯座）	1		29	USB 转串口线	1	
15	风扇	2		30	RS-485 转换器	1	

续表

设备清点整理检查单	
缺损记录	
计算机和移动工控终端电源是否关闭	
实训台电源是否关闭	
ZigBee 模块电源是否关闭	
实训台桌面是否整理清洁	
工具箱是否已经整理归位	

3.6　项目设计资料拓展练习

3.6.1　2023 年全国职业院校技能大赛"物联网应用开发"赛项样卷

请扫描二维码查看 2023 年全国职业院校技能大赛"物联网应用开发"赛项样卷，结合项目 3 的学习，自行进行拓展练习。

2023 年"物联网应用开发"赛项样卷

3.6.2　2023 年全国职业院校技能大赛"物联网应用开发"赛项训练题

请扫描二维码查看 2023 年全国职业院校技能大赛"物联网应用开发"赛项赛题 10，结合项目 3 的学习，自行进行拓展练习。

2023 年"物联网应用用开发"赛项赛题

3.7　项目知识链接

3.7.1　物流仓储管理系统简介

仓储是现代物流管理中非常重要的环节。随着电商的蓬勃发展和物流业务的迅速增长，仓储管理系统变得越来越不可或缺。仓储管理系统是指使用计算机技术，对仓库内的货物进行智能化、自动化管理的系统。

仓储管理系统可以帮助企业高效地管理仓库内的货物，通过条码技术和 RFID 等物联网技术，对货物进行标识和跟踪，实现全程可视化管理。同时，可以使用仓储管理系统统计货物的数量，提供准确的库存数据，方便企业进行货物的调度和管理。

仓储管理系统还可以用于优化仓库的布局和物流流程，提高工作效率和货物周转速度。通过分析数据，可以确定最佳存储策略和路径规划，减少员工的行走距离和等待时间。此外，仓储管理系统还可以实现智能拣货功能，提高拣货的准确性和速度，降低出错率。

仓储管理系统还具有安全防护功能，可以实时监控仓库的状态，如环境的温度、湿度和光照强度等，确保货物的质量和安全。同时，系统还可以对仓库进行安全防范，如视频监控、门禁控制和防火等，保证仓库内部的安全。

随着物流业务的不断发展和对仓储需求的增加，传统的手工管理已经无法满足企业的需求，仓储管理系统的出现极大地提高了仓储管理的效率和准确性，能够帮助企业实现仓库的自动化和智能化管理，降低人力成本，提高企业的竞争力。

总之，仓储管理系统是现代物流管理中不可或缺的一部分。它通过智能化、自动化的方式对仓库内的货物进行管理，提高仓储效率。随着物联网技术的不断发展，仓储管理系统将更加完善，为企业创造更大的利益。

3.7.2 智能仓储物流解决方案的硬件架构

智能仓储物流解决方案主要依赖于以下智能硬件设备，实现对仓库的自动化定位、盘点、搬运、预警和管理。

1. RFID 标签

物品上需要贴 RFID 标签，通过条码打印机为每件物品生成条码。RFID 工作站能够读取标签上的条码或二维码信息，并将其写入 RFID 标签的 EPC 区域，完成标签初始化。

2. 智能货架

智能货架上配备了 RFID 读写器、天线和分支器等设备，以实现对货架的全面感知。顶部的平板天线和几个分支器能够覆盖整个货架，实现实时盘点功能。此外，每个区域还配备了指示灯和显示器，用于显示当前物品的位置。

3. 智能盘库机器人和智能搬运机器人

智能盘库机器人和智能搬运机器人上配备了 RFID 读写器，能够通过导航定位并清点资产。智能盘库机器人按照预定的路径完成自动清点，而智能搬运机器人则能够辨识物品，并通过物联网识别技术实现智能搬运操作。

4. 智能管理机器人

货架区可配备智能管理机器人，以提高工作效率。所有的智能管理机器人共享一张网络拓扑图，中心调度服务器会设计算法，避免机器人之间的碰撞。

5. RFID 手持终端

RFID 手持终端用于资产清点确认。管理员在进行盘点时使用 RFID 手持终端，将库存信息上传至计算机进行核实和统计。这样可以实现自动化盘点，并提高数据的准确性。

通过应用物联网技术，仓储管理系统让仓库能够向自动化、智能化和信息化发展，这将为企业带来更多的上升空间。物联网技术是未来信息科技发展的必然趋势，也将成为国际科技竞争的新起点。物联网技术的实现将推动物流技术和仓储物流中心结构的变革，使商品具有自我辨识的"智慧"，使仓储变得更加智能和高效。

模块四 物联网智慧系统虚实结合模块

项目4 智慧宿舍管理系统设计与调试

项目学习目标

在项目4中，将完成智慧宿舍管理系统的设计与调试，要达成的学习目标如表4-1所示。

表4-1 学习目标

目标类型	序号	学习目标
知识目标	K1	能说出智慧宿舍管理系统各设备名称和作用
	K2	能复述智慧宿舍管理系统各设备端口配置情况
	K3	能复述智慧宿舍管理系统各设备信号传输方式
能力目标	S1	能分析智慧宿舍管理系统的功能目标
	S2	能设计智慧宿舍管理系统实现方案并画出方案拓扑图
	S3	能画出智慧宿舍管理系统电路组成图
	S4	能识读智慧宿舍管理系统电路连线图
	S5	能在仿真平台中选择智慧宿舍管理系统设备
	S6	能在仿真平台中完成智慧宿舍管理系统设备连线
	S7	能在仿真平台中完成公寓区环境安防监测数据采集
	S8	能正确组装智慧宿舍管理系统实物电路
	S9	能正确配置智慧宿舍管理系统实物电路工作参数
	S10	能正确配置智慧宿舍管理系统虚实联动
	S11	能检测和确定智慧宿舍管理系统故障并排除故障
素质目标	Q1	能按6S规范进行实训台整理
	Q2	能按规范标准进行系统和设备操作
	Q3	能按要求做好任务记录和填写任务单
	Q4	能按时按要求完成学习任务
	Q5	能与小组成员协作完成学习任务
	Q6	能结合评价表进行个人学习目标达成情况评价和反思
	Q7	能积极参与课堂教学活动
	Q8	能积极主动进行课前预习和课后拓展练习

4.1 项目任务

4.1.1 项目情境分析

学校是一个特殊的环境，住宿问题不仅关系到学生的生命财产安全，更关系到他们的健康成长，关系到学校正常的教学、生活秩序的保持。学生宿舍人口密度大，又是学生日常生活中接触得最多的地方，所以既要保证学生的安全，也要便捷学生的生活，还要符合学生学习生活的特点。本项目讲述利用自动控制系统、计算机网络系统和网络通信技术，来设计实现智慧宿舍管理系统。

本项目通过物联网仿真软件及物联网实训平台设计智慧宿舍管理系统，并实现系统的虚实联动。

4.1.2 项目设计目标

结合实际校园管理系统应用需求和物联网实训平台及仿真软件，智慧宿舍管理系统的功能目标为：（1）公寓区环境安防监测，包括公寓区环境监测、公寓区安防监测、公寓房间监测、公寓楼层监测；（2）宿舍一卡通，包括人员身份识别、个人消费管理、交纳水电费；（3）智慧超市，包括商品标识、商品入库、商品销售、库存管理。

智慧宿舍管理系统的具体功能目标如表 4-2 所示。

表 4-2　智慧宿舍管理系统具体功能目标

序号		功能目标
1		实现由传感器、采集器、网关、云平台、PC 终端组成的智慧宿舍管理系统
2	整体目标	实现传感器数据的采集，并传输到网关、云平台
3		在网关和云平台上实现系统的自动控制
4		实现智慧宿舍管理系统环境安防监测和控制
5	公寓区环境 安防监测	在网关端实现环境安防监测和控制
6		在云平台上实现环境安防监测和控制
7		实现人员的智能标识
8	宿舍一卡通	实现人员权限区分和进出管理
9		实现一卡通消费、充值、余额查询
10		实现水电费交纳、余额查询
11		实现商品的智能标识
12	智慧超市	实现商品智能入库
13		实现商品库存智能化查询

小提示：依托智慧宿舍管理系统，集成行业中常见的各种典型传感器，以及执行器，通过对传感器的接线、安装配置、业务应用等方面的实操训练，促进物联网设备安装与调试方法与技能的提升。引入云平台，可以通过云平台采集传感器数据，进一步扩展系统功能。

4.1.3　项目设计任务单

请按项目实施步骤完成本项目的学习，填写表 4-3 中各项内容。

表 4-3　智慧宿舍管理系统设计与调试任务单

智慧宿舍管理系统设计与调试任务单					
姓名		班级		指导老师	
小组序号和名称			组内角色		
小组成员	硬件工程师（HE）				
	软件工程师（RE）				
	调试工程师（DE）				
任务准备					
1. PC			4. IoT 系统软件包		
2. IoT 实训台			5. IoT 系统工具包		
3. IoT 系统设备箱			6. 加入在线班级		
任务实施					
智慧宿舍管理系统设计方案					
智慧宿舍管理系统设备组成					
智慧宿舍管理系统设计与调试步骤					
系统设计与调试过程中遇到的故障记录					
故障现象			解决方法		
总结系统设计与调试过程中的注意事项和建议					
目标达成情况	知识目标		能力目标		素质目标
综合评价结果					

4.2　项目实施

4.2.1　智慧宿舍管理系统方案设计

（一）智慧宿舍管理系统功能目标分析

引导问题：请结合智慧宿舍管理系统的具体功能目标，思考运用什么技术和设备可以实现相关功能，有哪些智能控制策略，请填写在表 4-4 中。

表 4-4 项目方案计划任务单

序号	功能目标		设计方案
1	整体目标	实现由传感器、采集器、网关、云平台、PC 终端组成的智慧宿舍管理系统	
2		实现传感器数据的采集，并传输到网关、云平台	
3		在网关和云平台上实现系统的自动控制	
4	公寓区环境安防监测	实现智慧宿舍管理系统环境安防监测和控制	
5		在网关端实现环境安防监测和控制	
6		在云平台上实现环境安防监测和控制	
7	宿舍一卡通	实现人员的智能标识	
8		实现人员权限区分和进出管理	
9		实现一卡通消费、充值、余额查询	
10		实现水电费交纳、余额查询	
11	智慧超市	实现商品的智能标识	
12		实现商品智能入库	
13		实现商品库存智能化查询	

（二）智慧宿舍管理系统设计方案

小提示：根据智慧宿舍管理系统的功能目标，结合物联网实训平台和仿真软件，分析各功能的实现方法，智慧宿舍管理系统的功能实现平面图如图 4-1 所示，仅供学习参考，也可以结合自己学校的宿舍实际情况和实训平台进行功能创新。

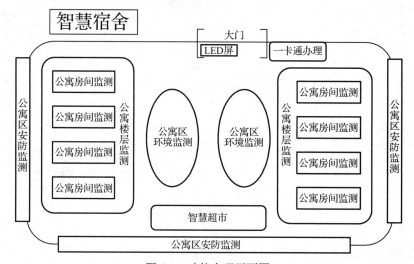

图 4-1 功能实现平面图

1．公寓区环境安防监测

引导问题：结合你对公寓环境的需求，请思考公寓区环境安防监测方面的功能目标是什么？思考可以运用哪些可行性技术及设备实现功能目标，填写在表 4-5 中。

表 4-5 公寓区环境安防监测功能目标计划单

公寓区环境安防监测功能目标计划单		
序号	功能目标	运用技术/设备
1		
2		
3		
4		
5		

小提示： 公寓区环境安防监测主要指采集公寓公共区域、楼层和房间的环境数据及安防数据，从而保障公寓区环境舒适和安全。根据系统功能需求，这里主要进行公寓区环境监测、公寓区安防监测、公寓房间监测和公寓楼层监测。

（1）公寓区环境监测

小提示： 公寓区环境监测主要指采集公寓公共区域的环境数据，分别是空气质量、PM2.5 的含量、二氧化碳含量和光照强度值。采集到的光照强度值小于设定的光照强度临界值时，公共区域的路灯会自动开启；如果大于这个设定值，路灯会自动关闭，如图 4-2 所示。

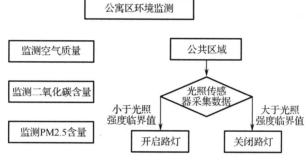

图 4-2 公寓区环境监测功能流程图

请根据需求，在表 4-6 中列出需要的传感器和执行器清单。

表 4-6 设备确认任务单

设备确认任务单			
序号	传感器	序号	执行器
1		1	
2		2	
3		3	
4		4	
5		5	

（2）公寓区安防监测

小提示： 公寓区安防监测主要指运用摄像头进行监视及运用红外对射传感器探测公寓边界区域的安防情况，做到远程实时监控。当红外对射传感器被触发时，报警灯会自动开启，并根据危急情况自动进行防盗报警、消防报警，如图 4-3 所示。

物联网智慧系统设计与调试

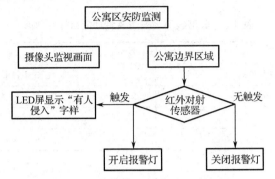

图 4-3 公寓区安防监测功能流程图

请根据需求，在表 4-7 中列出需要的传感器和执行器。

表 4-7 设备确认任务单

设备确认任务单			
序号	传感器	序号	执行器
1		1	
2		2	
3		3	
4		4	
5		5	

（3）公寓房间监测

小提示：公寓楼的每个房间都安装有温湿度传感器、烟雾传感器。温湿度传感器用于监测房间内温湿度情况，当温度高于设定值时，开启风扇和除湿设备，保持房间环境舒适；当湿度低于设定值时，开启加湿设备。烟雾传感器用于实时监测房间内或者楼道内的烟雾情况，当检测到房间内或者楼道内有烟雾时，发出对应的报警信息，如图 4-4 所示。

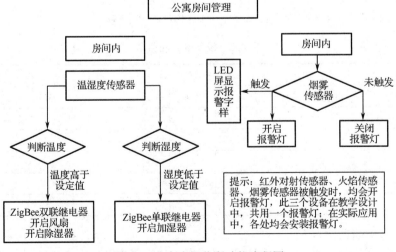

图 4-4 公寓房间监测功能流程图

请根据需求，在表 4-8 中列出需要的传感器和执行器。

218

表 4-8 设备确认任务单

设备确认任务单			
序号	传感器	序号	执行器
1		1	
2		2	
3		3	
4		4	
5		5	

（4）公寓楼层监测

小提示：公寓楼层监测主要指应用微波传感器自动检测楼道中是否有人及运用火焰传感器监测楼层内是否发生火灾。需要应用的设备主要有：微波传感器、LED 照明灯、火焰传感器、报警灯、LED 屏、ADAM-4150 数字量采集器。楼道中有无人监测和火焰监测的工作过程基本相同。如果微波传感器检测到楼道内有人，将检测到的数据发送给 ADAM-4150，ADAM-4150 接收到信号后经 RS-485 转 RS-232 设备，将数据传送给 PC，进而通过 ADAM-4150 控制开启 LED 照明灯。火灾监测中使用的传感器是火焰传感器，执行器是报警灯和 LED 屏。公寓楼层监测功能流程图如图 4-5 所示。

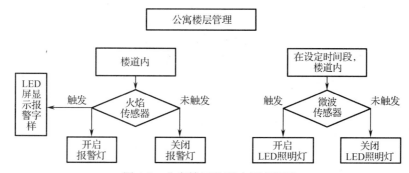

图 4-5 公寓楼层监测功能流程图

请根据需求，在表 4-9 中列出需要的传感器和执行器。

表 4-9 设备确认任务单

设备确认任务单			
序号	传感器	序号	执行器
1		1	
2		2	
3		3	
4		4	
5		5	

2．宿舍一卡通

引导问题：结合对公寓人员进出管理、水电费管理等需求，思考在智慧宿舍管理系统中宿舍一卡通的功能目标是什么？思考可以运用哪些可行性设备实现功能目标，填入表 4-10 中。

表 4-10　宿舍一卡通功能目标计划单

宿舍一卡通功能目标计划单		
序号	功能目标	运用技术/设备
1		
2		
3		
4		
5		

小提示：要想实现不同权限人员进出公寓的智能化和信息化管理，可以运用射频卡标识人员身份。射频卡可以实现一卡通功能，同时实现个人消费及水电费交纳的智能化管理。结合 RFID 技术特点及一卡通的功能需求，可以选择用高频射频卡标识人员身份，将相关信息录入射频卡，如持卡人身份信息、充值余额等，同时系统需要配备高频读卡器进行射频卡的自动识别和信息读取。用高频读卡器读取射频卡的 ID 时，自动判断持卡人身份，从而进行权限区分和各功能的实现。

（1）人员身份标识

小提示：在宿舍管理中使用一卡通进行身份标识，可以设置不同身份的人员拥有不同的权限，如表 4-11 所示。

表 4-11　宿舍一卡通人员标识和权限区分

宿舍一卡通人员标识和权限区分		
序号	人员身份	系统权限
1	公寓区负责人（最高权限）	拥有进出所有区域的权限，可控制各个设备。查看公寓区其他员工的在岗情况
2	楼长	拥有进出大门、进出公寓区各楼的权限，可查看公寓内相关设备的情况
3	学生	拥有进出公寓大门的权限

（2）个人消费管理

小提示：系统可以实现学生卡充值、刷卡消费和余额查询功能。

（3）交纳水电费

小提示：系统可以实现水电费交纳和余额查询功能。

请结合以上设计分析，在表 4-12 中列出宿舍一卡通的功能。

表 4-12　宿舍一卡通功能确认任务单

宿舍一卡通功能确认任务单		
序号	功能目标	具体功能
1		
2		
3		

请根据需求，在表 4-13 中列出需要的设备。

表 4-13 设备确认任务单

设备确认任务单		
序号	设备名称	设备作用/功能
1		
2		
3		

3. 智慧超市

引导问题：公寓区的超市主要销售一些食物及日常用品，可通过一卡通在超市购物。请思考如何更有效便捷地进行智慧超市管理呢？思考可以运用哪些设备实现功能目标，将你的设想和计划填入表 4-14 中。

智慧宿舍管理系统功能确认任务单

表 4-14 智慧超市功能目标计划单

智慧超市功能目标计划单		
序号	功能目标	运用设备
1		
2		
3		

小提示：可以运用 RFID 技术实现商品的入库、库存情况查询的智能化和信息化管理。结合 RFID 技术的特性，需要选择超高频 UHF 电子标签标识所有商品，将商品的相关信息录入其中，同时系统需要配备超高频 UHF 阅读器进行超高频 UHF 电子标签的自动识别和信息读取，自动识别商品信息，从而实现商品的自动化识别、销售和入库，方便商品的实时库存查询和盘点。

（1）商品标识

超市商品种类很多，在销售商品前，需要将商品与超高频 UHF 电子标签进行绑定。即运用超高频 UHF 阅读器识别超高频 UHF 电子标签，同时录入商品的名称、价格等相关信息。

（2）商品入库

超市进货后，将超高频 UHF 电子标签置于超高频 UHF 阅读器感应区内，便可自动识别商品并进行入库统计，实现商品的智能化和信息化入库。

（3）商品销售

学生购买商品时，将绑定有超高频 UHF 电子标签的商品置于超高频 UHF 阅读器感应区内，系统自动识别商品并进行消费统计。同时，可以结合一卡通的支付功能，将高频射频卡置于高频读卡器感应区内，可以自动读取和显示卡的余额，单击结算界面中的"扣款"按钮，扣除高频射频卡中金额进行消费支付，实现智能化销售。

（4）库存管理

在库存管理界面，可以通过自动识别超高频 UHF 电子标签直接弹出商品库存信息，也可通过手动输入商品名称弹出商品库存信息，从而实现库存的实时监控和智能化盘点。

请结合以上分析，在表 4-15 中列出智慧超市需要实现的功能。

表 4-15　智慧超市功能确认任务单

智慧超市功能确认任务单		
序号	功能目标	具体功能
1		
2		
3		
4		

结合以上分析，请根据智慧超市功能目标，在表 4-16 中列出需要的设备。

表 4-16　设备确认任务单

设备确认任务单		
序号	设备名称	设备作用/功能
1		
2		
3		

4．智慧宿舍管理系统设计方案

　　小提示：结合以上分析和设计，梳理和总结智慧宿舍管理系统设计方案（见表 4-17）。也可以这个方案为基础，进行系统拓展功能设计。

表 4-17　项目方案计划任务单

序号	功能目标		设计方案
1	整体目标	实现由传感器、采集器、网关、云平台、PC 终端组成的智慧宿舍管理系统	采集器和执行器直接与网关相连，运用路由器创建局域网，将网关、云平台、PC 终端组成局域网实现数据互传
2		实现传感器数据的采集，并传输到网关、云平台	运用传感器节点（ADAM-4017 模拟量采集器和 ADAM-4150 数字量采集器）采集数据并上传至网关，再通过局域网将数据上传到云平台
3		在网关和云平台上实现系统的自动控制	通过局域网实现网关与云平台间的数据互传，运用网关进行有线和无线 ZigBee 继电器控制，从而控制执行器
4	公寓区环境安防监测	实现智慧宿舍管理系统环境安防监测和控制	运用温湿度、光照、微波/人体红外、火焰、烟雾、空气质量、PM2.5、CO_2 等传感器监测环境和安防情况，当各传感器数据超过设定值时控制相应执行器
5		在网关端实现环境安防监测和控制	所有传感器、执行器通过有线和无线方式连接到网关，实现数据的互传
6		在云平台上实现环境安防监测和控制	将网关数据通过局域网上传至云平台，PC 终端通过局域网获取云平台数据，从而实现系统的远程监控
7	宿舍一卡通	实现人员的智能标识	运用高频射频卡标识人员
8		实现人员权限区分和进出管理	运用高频读卡器自动识别人员身份，并进行智能权限区分和进出管理
9		实现一卡通消费、充值、余额查询	运用高频读卡器自动识别高频射频卡，并读取或修改存储空间的数据，进行充值、消费和余额查询

序号	功能目标		设计方案
10	宿舍 一卡通	实现水电费交纳、余额查询	运用高频读卡器自动识别高频射频卡，并读取或修改存储空间的数据，进行水电费交纳和余额查询
11	智慧超市	实现商品的智能标识	运用超高频 UHF 电子标签标识和区分超市商品
12		实现商品智能入库	运用超高频 UHF 阅读器自动识别商品电子标签并实现智能入库
13		实现商品库存智能化查询	直接阅读或手动输入条码实现商品条码识别并查询商品相关信息

（二）智慧宿舍管理系统电路设计

1. 智慧宿舍管理系统设备选择

引导问题： 请结合智慧宿舍管理系统设计方案及物联网实训平台实际情况，思考选择哪些传感器、执行器及其他设备组件，并在表 4-18 中进行选择。

表 4-18　设备选择任务单

设备选择任务单					
序号	设备名称	选择（√/×）	序号	设备名称	选择（√/×）
1	PC		18	ADAM-4150 数字量采集器	
2	物联网智能网关		19	超高频 UHF 阅读器	
3	串口服务器		20	高频读卡器	
4	路由器		21	低频读卡器	
5	ZigBee 温湿度传感器		22	条码打印机	
6	有线光照传感器		23	条码扫描枪	
7	有线人体红外传感器		24	低频射频卡	
8	有线火焰传感器		25	超高频 UHF 电子标签	
9	有线烟雾传感器		26	高频射频卡	
10	有线空气质量传感器		27	风扇	
11	有线 PM2.5 传感器		28	LED 灯	
12	有线二氧化碳传感器		29	LED 报警灯	
13	有线微波传感器		30	电子喷淋器	
14	有线红外对射传感器		31	双联继电器	
15	有线可燃气体传感器		32	单联继电器	
16	ZigBee 协调器		33	雾化器（加湿器）	
17	ADAM-4017 模拟量采集器		34	摄像头	

2. 智慧宿舍管理系统设备连线图

引导问题：请结合智慧宿舍管理系统设计方案及物联网实训平台、仿真平台的设备条件和各设备的特性、端口设置情况，思考如何进行系统设备连接。

小提示：依据智慧宿舍管理系统功能设计方案，结合联网实训平台、仿真平台的设备条件，除选择各相应传感器和执行器外，以下设计基于串口服务器采集所有传感器数据并进行执行器的控制，再将串口服务器的数据上传至云平台，云平台的数据可以通过 PC 进行访问和智能应用，系统包含的设备如图 4-6 所示。（如果将串口服务器换成网关，设备分类图基本一致，可以参考项目 2 进行设计与调试。）

图 4-6　智慧宿舍管理系统设备分类图

依据以上分析及设备和组件的端口设置情况，智慧宿舍管理系统设备连线参考图如图 4-7 所示。

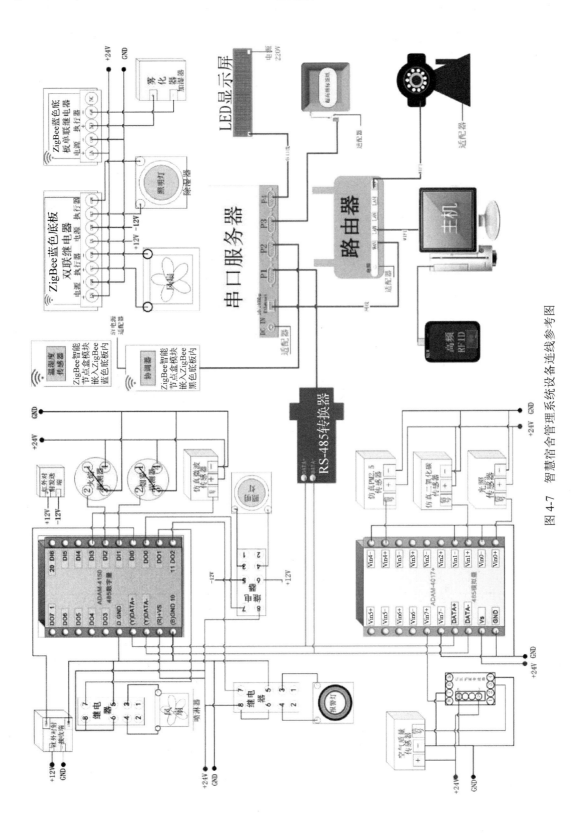

图4-7 智慧宿舍管理系统设备连线参考图

请仔细识读设备连线图，将各设备的端口连接情况填入表 4-19 中。

表 4-19　智慧宿舍管理系统设备连线记录表

序号	连接设备及端口号	连接设备及端口号	序号	连接设备及端口号	设备及端口号
1	串口服务器网口	路由器 WAN	16	有线光照传感器	
2	PC 网口		17	有线空气质量传感器	
3	摄像头网口		18	ADAM-4150 数字量采集器 DATA+	RS-485 转接 DATA+
4	高频 RFID		19	ADAM-4150 数字量采集器 DATA-	
5	超高频 UHF 阅读器	串口服务器 P3	20	ADAM-4017 模拟量采集器 DATA+	
6	LED 屏		21	ADAM-4017 模拟量采集器 DATA-	
7	ZigBee 协调器		22	ZigBee 双联继电器 1	风扇
8	RS-485 转换器		23	ZigBee 双联继电器 2	
9	ZigBee 温湿度传感器	ZigBee 协调器	24	ZigBee 单联继电器	
10	有线火焰传感器	ADAM-4150 数字量采集器 DI2	25	LED 灯（DO0）	单联继电器 1
11	有线烟雾传感器		26	喷淋器（DO1）	
12	有线微波传感器		27	报警灯（DO2）	
13	有线红外对射传感器		28	单联继电器 1	ADAM-4150 数字量采集器 DI0
14	有线 PM2.5 传感器	ADAM-4017 模拟量采集器 Vin1	29	单联继电器 2	
15	有线二氧化碳传感器		30	单联继电器 3	

4.2.2　智慧宿舍管理系统仿真设计与调试

在智慧宿舍管理系统方案设计基础上，请按以下步骤在物联网仿真平台中搭建系统。

（一）创建项目案例"智慧宿舍管理系统仿真包"

步骤 1：打开物联网行业实训仿真平台。

步骤 2：依据设备连线图将所有设备拖入到右边的设计区，如图 4-8 所示。

步骤 3：单击"连线验证"和"模拟实验"按钮，验证连线是否正确，如果连线和配置正确，传感器显示蓝色数值，如图 4-9 所示。如果连线错误，请结合错误指示修正连线，直到连线全部正确。

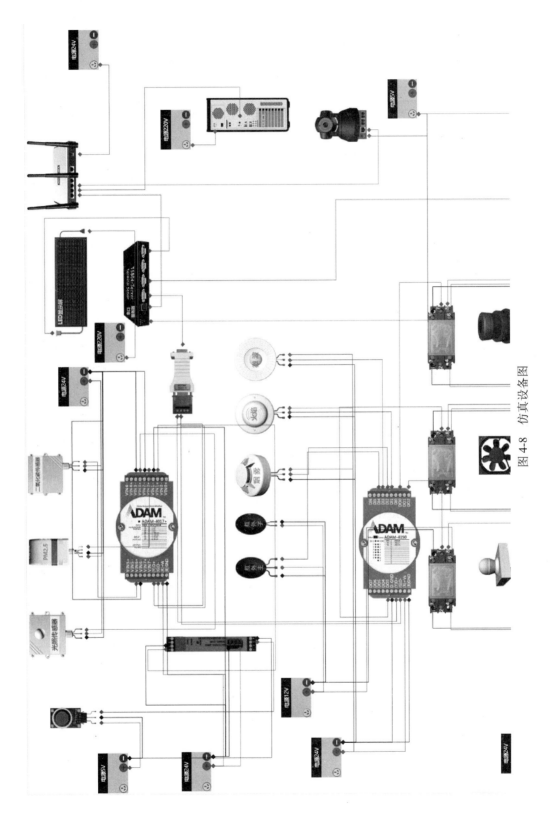

图 4-8　仿真设备图

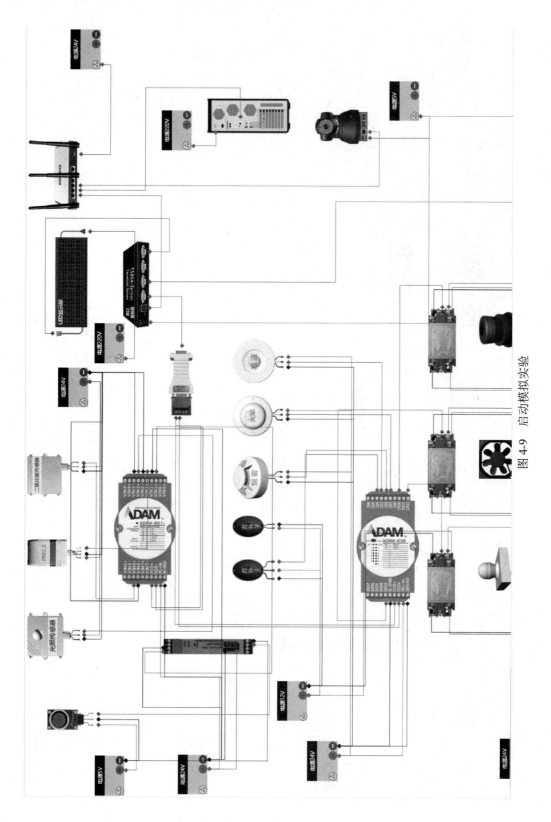

图 4-9 启动模拟实验

（二）智慧宿舍管理系统项目案例实时监控

在仿真平台中打开"智慧宿舍管理系统仿真包"，默认界面如图 4-10 所示。

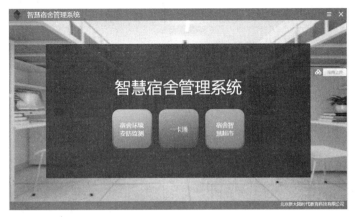

图 4-10 默认界面

设置串口服务器的四个虚拟串口，如图 4-11 所示，分别查询采集的传感器数据，并进行实时监测和控制。

1. 公寓区环境安防监测

（1）公寓区环境监测仿真界面如图 4-12 所示，请结合仿真实验情况，将仿真实验数据填入表 4-20 中。

图 4-11 串口设置

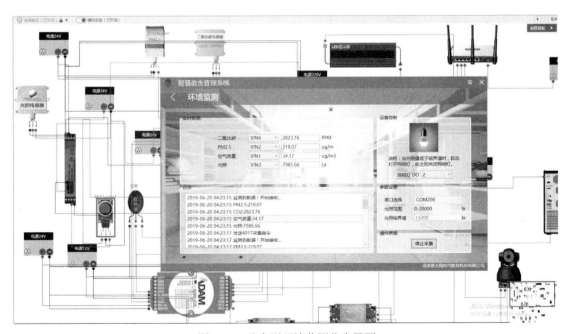

图 4-12 公寓区环境监测仿真界面

表 4-20　公寓区环境监测仿真实验记录表

公寓区环境监测仿真实验记录表			
序号	设备名称	端口连接	实验结果
1			
2			
3			
4			
5			

（2）公寓区安防监测仿真界面如图 4-13 所示。请结合仿真实验情况，将仿真实验数据填入表 4-21 中。

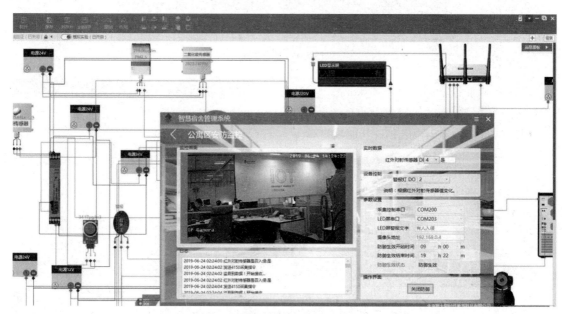

图 4-13　公寓区安防监测仿真界面

表 4-21　公寓区安防监测仿真实验记录表

公寓区安防监测仿真实验记录表			
序号	设备名称	端口连接	实验结果
1			
2			
3			
4			
5			

（3）公寓房间监测仿真界面如图 4-14 所示，触发烟雾报警器效果图如图 4-15 所示。请结合仿真实验情况，将仿真实验数据填入表 4-22 中。

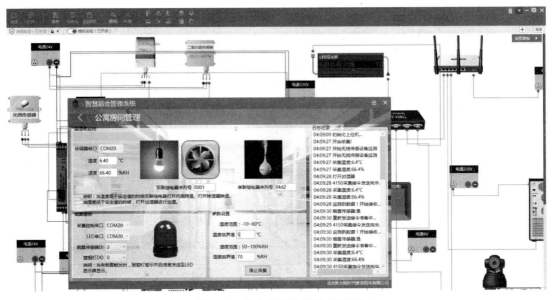

图 4-14　公寓房间监测仿真界面

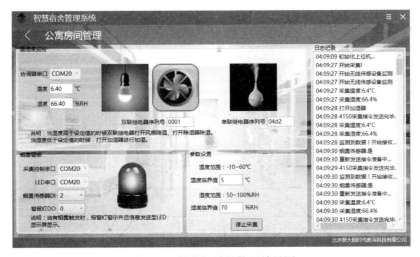

图 4-15　触发烟雾报警器效果图

表 4-22　公寓房间监测仿真实验记录表

公寓房间监测仿真实验记录表			
序号	设备名称	端口连接	实验结果
1			
2			
3			
4			
5			

（4）公寓楼层监测仿真界面如图 4-16 所示。请结合仿真实验情况，将仿真实验数据填入表 4-23 中。

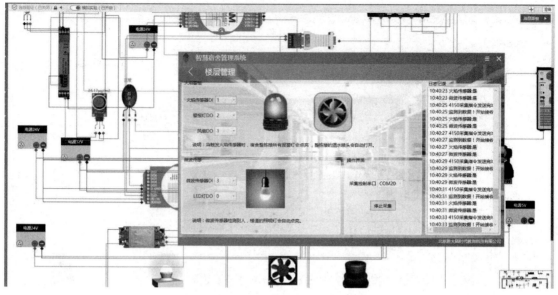

图 4-16 公寓楼层监测仿真界面

表 4-23 公寓楼层监测仿真实验记录表

公寓楼层监测仿真实验记录表			
序号	设备名称	端口连接	实验结果
1			
2			
3			
4			
5			

2. 宿舍一卡通及智慧超市

小提示：宿舍一卡通包括校园卡的新建、充值、销卡、消费等功能，智慧超市包括商品标识、入库、销售和库存管理等功能。其中运用 RFID 技术的方法与前面一样，故在本项目中不做虚拟联动展示，请自行在物联网实训平台和仿真平台上实践。

4.2.3 智慧宿舍管理系统组装与调试

（一）系统设备组装

小提示：智慧宿舍管理系统设备组装的步骤与项目 3 的学习任务 3.2.2 一致，请参考学习并完成系统设备的组装。

（1）依据项目方案进行设备选择。

（2）检测设备是否满足要求及能否正常工作。

（3）按物联网系统组装标准进行系统设备组装和连线。

（4）检测设备连线是否正确。

（5）设备上电检查。设备上电检查必须在设备组装检查合格后才能进行，主要检查相关设备通电后各指示灯是否正常工作，分项测试各设备是否正常供电（电压、电流是否正常）。

（二）系统虚实联动

将仿真平台的"模拟实验"按钮关闭，RS-485/RS-232 接口设备连接至 PC，物理串口是 PC 的物理串口，即硬件实际串口，虚拟串口此处直接选择系统分配值，默认为 COM200，虚拟串口是连接上位机和仿真平台的中间件，仿真平台通过物理串口将实际硬件的设备数据传送给仿真软件，上位机将其串口设置为此处的虚拟串口，通过此虚拟串口访问仿真软件内的数据，通过仿真平台采集实际硬件的信息，从而实现虚拟仿真软件与实际硬件设备之间的数据联动。

（1）公寓区环境安防监测功能实现

系统虚实联动采集界面如图 4-17～图 4-22 所示。

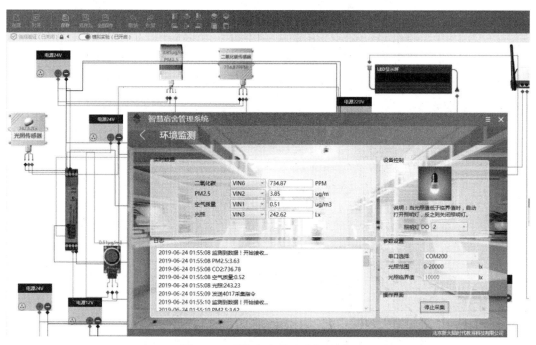

图 4-17 系统虚实联动采集界面 1

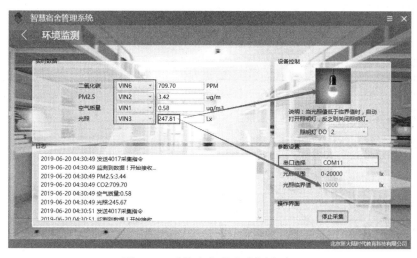

图 4-18 系统虚实联动采集界面 2

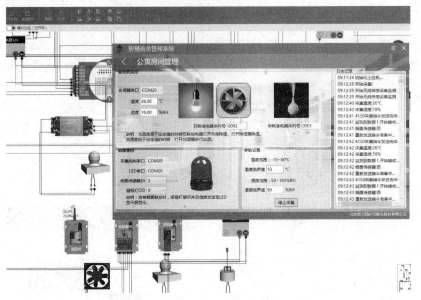

图 4-19　系统虚实联动采集界面 3

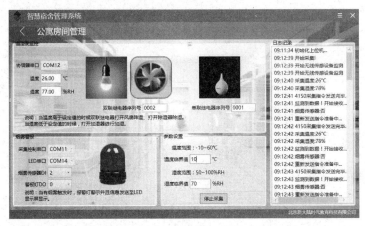

图 4-20　系统虚实联动采集界面 4

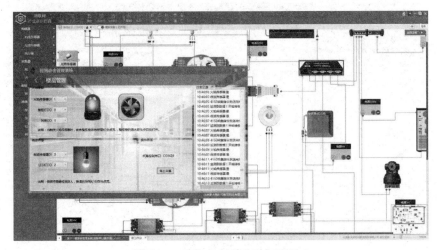

图 4-21　系统虚实联动采集界面 5

图 4-22　系统虚实联动采集界面 6

请结合虚实联动实验和仿真实验情况，将两组实验数据填入表 4-24 中。

表 4-24　公寓区环境安防监测实验记录表

序号	设备名称	虚实联动实验数据	仿真实验数据
1	ZigBee 温度传感器		
2	ZigBee 湿度传感器		
3	有线光照传感器		
4	有线空气质量传感器		
5	有线火焰传感器		
6	有线烟雾传感器		
7	有线 PM2.5 传感器		
8	有线二氧化碳传感器		
9	有线微波传感器		
10	有线红外对射传感器		

（2）宿舍一卡通功能实现

宿舍一卡通功能包括校园卡的新增、充值、消费、销卡和门禁等功能，演示界面如图 4-23～图 4-25 所示。

如图 4-23 所示是新增学生卡界面，用高频读卡器录入学生信息，制作学生卡，用于后续充值、消费、销卡、门禁等操作。

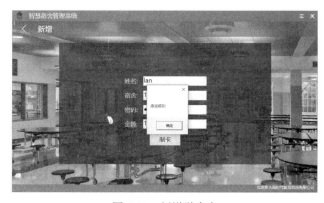

图 4-23　新增学生卡

如图 4-24 所示是用高频读卡器对学生卡进行查询、充值操作。

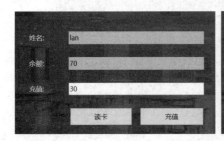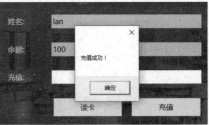

图 4-24　信息查询和充值

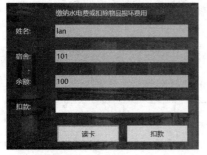

图 4-25　消费

用高频读卡器识读学生卡后，输入金额，可进行消费，如图 4-25 所示。

（3）智慧超市功能实现

智慧超市功能包括商品标识、商品入库、销售和库存管理等。演示界面如图 4-26～图 4-28 所示。

如图 4-26 所示是用超高频 UHF 阅读器对商品进行标识。使用超高频 UHF 阅读器读取超高频 UHF 电子标签信息，并手动输入商品名称和价格，实现商品的添加。

图 4-26　商品标识

如图 4-27 所示是用超高频 UHF 阅读器对商品进行入库操作。用超高频 UHF 阅读器读取已绑定商品的超高频 UFH 电子标签信息，并手动输入商品数量，实现商品入库。

图 4-27　商品入库

先用超高频 UHF 阅读器读取需要销售的商品，并手动输入商品数量，然后单击"刷卡消费"按钮，使用高频读卡器识别学生卡中的余额，如图 4-28 所示，并进行消费扣款，如图 4-29 所示。

图 4-28 销售   图 4-29 扣款

如图 4-30 所示是用超高频 UHF 阅读器对商品进行库存查询。用超高频 UHF 阅读器读取已绑定商品的超高频 UHF 电子标签信息，单击"查询"按钮，或者手动输入商品名称，再单击"查询"按钮，查看商品库存数量。

图 4-30 库存管理

4.3 项目检查评估

请结合学习任务完成情况及项目的学习评价标准参考表（见表 4-25）进行自评、互评、师评和综合评价，评价情况填入表 4-26 中，并将综合评价结果填到表 4-3 中。其中，各评价的权重分别是：自评占 20%、互评占 20%、师评占 60%，即综合评价=自评×20%+互评×20%+师评×60%。

表 4-25 学习评价标准参考表

学习评价标准参考表							
目标类型	序号	评价指标	评价标准	分数	评价标准	分数	评价标准	分数
知识目标	K1	能说出智慧宿舍管理系统各设备名称和作用	正确完整	5	部分正确	2	不能	0
	K2	能复述智慧宿舍管理系统各设备端口配置情况	正确完整	5	部分正确	2	不能	0
	K3	能复述智慧宿舍管理系统各设备信号传输方式	正确完整	5	部分正确	2	不能	0
能力目标	S1	能分析智慧宿舍管理系统的功能目标	正确完整	5	部分正确	2	不能	0
	S2	能设计智慧宿舍管理系统实现方案并画出方案拓扑图	正确完整	5	部分正确	2	不能	0

目标类型	序号	评价指标	评价标准	分数	评价标准	分数	评价标准	分数
		学习评价标准参考表						
能力目标	S3	能画出智慧宿舍管理系统电路组成图	正确完整	5	部分正确	2	不能	0
	S4	能识读智慧宿舍管理系统电路连线图	正确完整	5	部分正确	2	不能	0
	S5	能在仿真平台中选择智慧宿舍管理系统设备	正确完整	5	部分正确	2	不能	0
	S6	能在仿真平台中完成智慧宿舍管理系统设备连线	正确完整	5	部分正确	2	不能	0
	S7	能在仿真平台中完成公寓区环境安防监测数据采集	正确完整	5	部分正确	2	不能	0
	S8	能正确组装智慧宿舍管理系统实物电路	正确完整	5	部分正确	2	不能	0
	S9	能正确配置智慧宿舍管理系统实物电路工作参数	正确完整	5	部分正确	2	不能	0
	S10	能正确配置智慧宿舍管理系统虚实联动	正确完整	5	部分正确	2	不能	0
	S11	能检测和确定智慧宿舍管理系统故障并排除故障	正确完整	5	部分正确	2	不能	0
素质目标	Q1	能按6S规范进行实训台整理	规范	4	不规范	2	未做	0
	Q2	能按规范标准进行系统和设备操作	正确完整	4	不完整	2	未做	0
	Q3	能按要求做好任务记录和填写任务单	正确完整	4	不完整	2	未做	0
	Q4	能按时按要求完成学习任务	按时完成	4	补做	2	未做	0
	Q5	能与小组成员协作完成学习任务	充分参与	4	不参与	0		
	Q6	能结合评价表进行个人学习目标达成情况评价和反思	充分参与	4	不参与	0		
	Q7	能积极参与课堂教学活动	充分参与	3	不参与	0		
	Q8	能积极主动进行课前预习和课后拓展练习	充分参与	3	不参与	0		

表4-26　学习评价表

目标类型	序号	具体目标	分数	自评	互评	师评	综合评价
		学习评价表					
知识目标	K1	能说出智慧宿舍管理系统各设备名称和作用	5				
	K2	能复述智慧宿舍管理系统各设备端口配置情况	5				
	K3	能复述智慧宿舍管理系统各设备信号传输方式	5				

目标类型	序号	具体目标	分数	自评	互评	师评	综合评价
		学习评价表					
能力目标	S1	能分析智慧宿舍管理系统的功能目标	5				
	S2	能设计智慧宿舍管理系统实现方案并画出方案拓扑图	5				
	S3	能画出智慧宿舍管理系统电路组成图	5				
	S4	能识读智慧宿舍管理系统电路连线图	5				
	S5	能在仿真平台中选择智慧宿舍管理系统设备	5				
	S6	能在仿真平台中完成智慧宿舍管理系统设备连线	5				
	S7	能在仿真平台中完成公寓区环境安防监测数据采集	5				
	S8	能正确组装智慧宿舍管理系统实物电路	5				
	S9	能正确配置智慧宿舍管理系统实物电路工作参数	5				
	S10	能正确配置智慧宿舍管理系统虚实联动	5				
	S11	能检测和确定智慧宿舍管理系统故障并排除故障	5				
素质目标	Q1	能按6S规范进行实训台整理	4				
	Q2	能按规范标准进行系统和设备操作	4				
	Q3	能按要求做好任务记录和填写任务单	4				
	Q4	能按时按要求完成学习任务	4				
	Q5	能与小组成员协作完成学习任务	4				
	Q6	能结合评价表进行个人学习目标达成情况评价和反思	4				
	Q7	能积极参与课堂教学活动	3				
	Q8	能积极主动进行课前预习和课后拓展练习	3				
项目总评							
评价人							

4.4 项目总结反思

请结合项目的学习情况，进行学习反思和总结，写出在本项目的学习中知识、能力、素质三个方面的学习事实、学习收获、存在问题及未来计划努力方向，填在表 4-27 中。

表 4-27　4F 反思总结表

4F 反思总结表			
	知识	能力	素质
Facts 事实（学习）			
Feelings 感受（收获）			
Finds 发现（问题）			
Future 未来（计划）			

4.5　设备工具整理

请对照设备清单，检查和记录出现的问题，填在表 4-28 中。

表 4-28　设备清点整理检查单

序号	设备名称	数量	检查记录	序号	设备名称	数量	检查记录
1	PC	1		21	ZigBee 四通道模拟量采集器	1	
2	移动实训平台	1		22	ADAM-4150 数字量采集器	1	
3	移动工控终端（PAD）	1		23	ADAM-4017 模拟量采集器	1	
4	物联网智能网关	1		24	ZigBee 烧写器及数据线	1	
5	有线空气质量传感器	1		25	条码打印机	1	
6	有线光照传感器	1		26	超高频 UHF 阅读器	1	
7	有线火焰传感器	1		27	低频读卡器	1	
8	有线烟雾传感器	1		28	条码扫描枪	1	
9	ZigBee 温湿度传感器	1		29	ZigBee 智能节点盒充电器	1	
10	人体红外传感器	1		30	低频射频卡	3	
11	单联继电器	1		31	超高频 UHF 电子标签	2	
12	双联继电器	1		32	钥匙扣	2	
13	ZigBee 智能节点盒	4		33	网线	4	
14	串口服务器	1		34	USB 数据线	1	
15	摄像头	2		35	USB 转串口线	1	
16	LED 灯（灯泡+灯座）	1		36	RS-485 转换器	1	
17	风扇	2		37	有线 PM2.5 传感器	1	
18	LED 报警灯	1		38	有线二氧化碳传感器	1	
19	雾化器	1		39	有线微波传感器	1	
20	喷淋器	1		40	有线红外对射传感器	1	

设备清点整理检查单	
缺损记录	
计算机和移动工控终端电源是否关闭	
实训台电源是否关闭	
ZigBee 模块电源是否关闭	
实训台桌面是否整理清洁	
工具箱是否已经整理归位	

4.6　项目设计资料拓展练习

智慧宿舍管理系统的传感器数据采集也可以和项目 3 一样采用网关，请结合项目 3、项目 4 的知识，运用网关实现智慧宿舍管理系统功能并将数据上传至网关和云平台。设备分类图和硬件连线图如图 4-31 和图 4-32 所示。

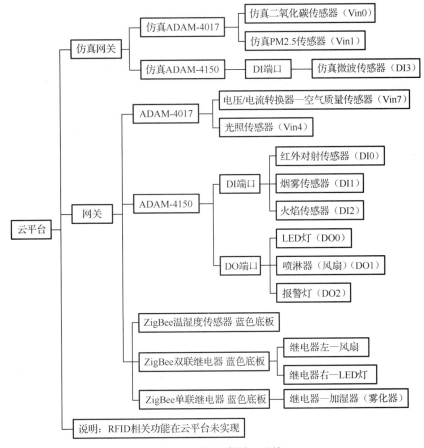

图 4-31　设备分类图（网关）

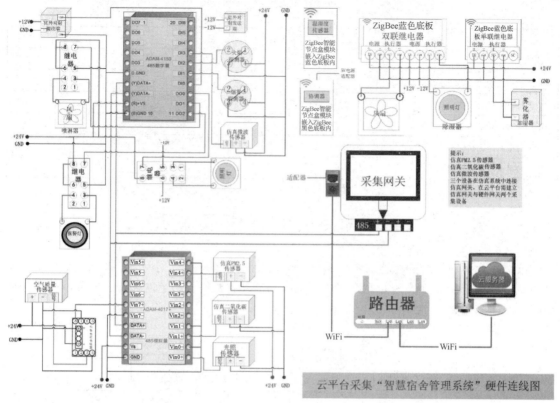

图 4-32　硬件连线图（网关）

4.7　项目知识链接

（一）常用传感器

1. PM2.5 传感器

空气质量指数 PM2.5 是指直径小于或等于 2.5μm 的尘埃或飘尘在环境空气中的浓度。PM2.5（单位：μg/m^3）表示每立方米空气中可入肺颗粒物的含量，这个值越高，就代表空气污染越严重。

PM2.5 传感器采用 PM2.5 浓度探头作为核心检测器件，具有测量范围宽、精度高、线性度好、通用性好、使用方便、便于安装、传输距离远、价格适中等特点。PM2.5 传感器如图 4-33 所示。

2. 微波传感器

微波传感器，又称感应开关，以多普勒效应为基础，采用先进的平面天线，可有效抑制高次谐波和其他杂波的干扰，灵敏度高、可靠性强、安全方便、智能节能，是楼宇智能化和物业管理现代化的首选产品，如图 4-34 所示。

（1）功能与特点

① 智能感应：当有人进入探测范围时，微波传感器工作，点亮灯；当人离开探测范围后，灯自动熄灭。它可自动识别白天和黑夜，自带环境光线检测功能，默认晚上才亮灯（可调白天工作）。

② 智能延时：感应开关在检测到人体的每一次活动后会自动顺延一个周期，并以最后一次人体活动的时间为起始时间。

③ 工作方式：感应开关接通后，在延时时间内，如有人体活动，感应开关将持续接通，直到人离开并顺延时间。

④ 光敏控制：根据外界的光线强度，来控制感应开关是否工作，以达到节能效果。

⑤ 与红外产品比较：感应距离更远，无死区，能穿透玻璃和薄木板，根据功率不同，可以穿透不同厚度的墙壁，不受环境、温度、灰尘等影响。

（2）电气参数

工作电压：DC 24V。

感应方式：主动式。

静态功耗：0.5W。

输出方式：继电器。

延时时间：默认 10～180s 可调。

照度：默认 5～5000lx 可调。

感应距离：默认 3～9m 可调。

感应角度：360°。

负载范围：所有灯具和报警器等。

负载功率：≤100W。

工作温度：−20℃～+55℃。

（3）使用范围

走廊、楼道、卫生间、地下室、车库、仓库等需要自动照明的场所。

（4）接线图

如图 4-35 所示为微波传感器的接线示意图。1 脚为输出端的负极，2 脚为输出端的正极，3 脚为 24V 电源的正极，4 脚接地。

图 4-33　PM2.5 传感器

图 4-34　微波传感器

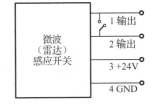
图 4-35　微波传感器的接线示意图

（二）双联继电器

单联继电器和双联继电器（见图 4-36）主要依附于 ZigBee 智能节点盒使用，主要控制连接的负载。单联继电器只控制一个负载，双联继电器可以同时控制两个负载的启停。双联继电器的连接方法与单联继电器类似。双联继电器连接风扇和除湿器（照明灯），其接线示意图如图 4-37 所示。

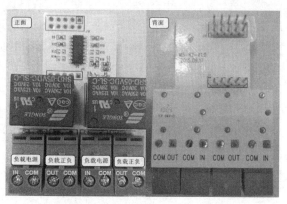

图 4-36　双联继电器（正面、背面）

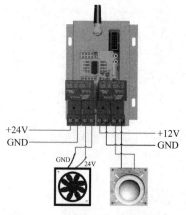

图 4-37　双联继电器接线示意图

（三）常用设备检测方法

1. 烟雾传感器检测

步骤 1：使用数字万用表欧姆挡检测传感器电源端和信号端之间是否存在短路现象。数字万用表选用 2M 挡，依次测量表 4-29 所示的烟雾传感器电源端和信号输出端之间的电阻值，如果测得阻值很小（约几欧），则说明线路出现短路现象，该设备需进一步检修。

表 4-29　烟雾传感器检测

	R4—3	R4—1	R4—2	R1—3	R2—3
正向测量值（2M 挡）	∞	∞	∞	∞	∞
反向测量值（2M 挡）	∞	∞	∞	∞	∞

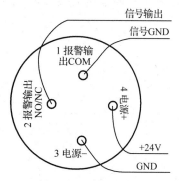

图 4-38　烟雾传感器检测

步骤 2：烟雾传感器底座的 4 脚接 24V 电源的正极，3 脚接 24V 电源的 GND 端，用一根信号线引出烟雾传感器信号输出端。确保接线正确后，合上传感器面板，接通 24V 电源，使用数字万用表电压挡测量烟雾传感器 2 脚和 1 脚之间的电压，约为 24V。当按下烟雾传感器面板上的开关按钮时，传感器 2 脚和 1 脚之间的电压变为 0V，如图 4-38 所示。出现以上测量结果表示设备完好。

2. 火焰传感器检测

步骤 1：使用数字万用表欧姆挡检测传感器电源端和信号端之间是否存在短路现象。数字万用表选用 2M 挡，依次测量表 4-30 所示的火焰传感器电源端和信号输出端之间的电阻值，如果测得阻值很小（约几欧），则说明线路出现短路现象，该设备需进一步检修。

表 4-30　火焰传感器安装前检测

	R4—3	R4—1	R4—2	R1—3	R2—3
正向测量值（2M 挡）	∞	∞	∞	∞	∞
反向测量值（2M 挡）	∞	∞	∞	∞	∞

步骤 2：火焰传感器底座的 4 脚接 24V 电源的正极，3 脚接 24V 电源的 GND 端，接着用

一根信号线引出火焰传感器信号输出端。确保接线正确后，合上传感器面板，接通 24V 电源，使用数字万用表电压挡测量火焰传感器 2 脚和 1 脚之间的电压，约为 24V，当在火焰传感器处打开打火机，产生一个火源，此时传感器 2 脚和 1 脚之间的电压变为 0V，表明设备完好。

3. 报警灯检测

步骤 1：使用数字万用表欧姆挡检测报警灯正极和负极之间是否存在短路现象。数字万用表选用 2M 挡，测量正反向电阻阻值趋于 ∞。

步骤 2：将报警灯的红、白线分别用红黑线接入直流 24V 稳压电源的正极和负极。

步骤 3：接通电源，如报警灯闪烁则表示设备完好。

4. 红外对射传感器

如图 4-39 所示为红外对射传感器，也称为单光束红外对射传感器，使用时在门、窗两边安装红外对射传感器且与报警主机或报警器相连，当有外来物侵入红外对射的区域时，传感器即被触发，连接的报警器发出警报。

红外对射传感器参数如表 4-31 所示。

图 4-39　红外对射传感器

表 4-31　红外对射传感器参数

探测距离	15～20m
工作电压	DC 12V
供电电流	>50mA
触发时间	50ms
外形尺寸	49×76×29mm³

红外对射传感器的工作电压为 12V，探测范围为 15～20m，打开设备外壳，其内部构造如图 4-40 所示。

1接GND
2接12V+
3接开关量的GND
4接开关量DI4

负极　正极

图 4-40　红外对射传感器内部构造

5. 空气质量传感器检测

观察空气质量传感器外观是否有破损等。空气质量传感器的信号是电压模式，而 ADAM-4017 模拟量采集器接收的是电流信号，所以必须把电压转换成电流信号后接入模拟量采集器。再观察电压/电流变送器的外观、接线端子等是否有损坏，如图 4-41 所示。

步骤 1：设备连线。将空气质量传感器与电压/电流变送器连接好，接线方法如下：空气质量传感器红线接+5V 电源，黑线接负极，黄线为信号线，接在电压/电流变送器的 3 端。电压/电流变送器的接线：3 端和 4 端分别接空气质量传感器的输入信号线和 GND 线；7 端和 8 端分别接输出 GND 线和信号线，C 端和 9 端分别接+24V 电源和 GND 线，如图 4-42 所示。

图 4-41　空气质量传感器和电压/电流变送器

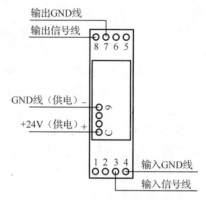

图 4-42　电压/电流变送器连接图

步骤 2：测量数据。确保接线正确后，接通电源，用数字万用表直流 20mA 挡进行测量。测量电压/电流变送器 8 端的输出电流，将万用表红表笔搭接电压/电流变送器 8 端，黑表笔串联一个 120Ω 负载电阻后，接入 24V 电源的负极，测出实验室环境下的电流值为 5mA。对空气质量传感器吹气，观察此时万用表的电流值不断增大。出现以上测量结果表示设备完好。

6．雾化器（加湿器）检测

（1）外观检查：观察雾化器的外观，检查雾化器外壳是否有破损，电源线绝缘皮是否有破损等。

（2）功能检测：将雾化器的金属头放入有水容器中，雾化器上的彩色指示灯点亮，同时水面上开始出现水雾。出现以上操作结果表示设备完好。

（四）摄像头

摄像头如图 4-43 所示。

1．摄像头 IP 地址搜索工具的安装

找到摄像头 IP 地址搜索工具的安装包，双击打开安装包文件，显示安装语言，选择"中文（简体）"，依据提示进行安装，安装完成后在桌面上生成图标。

2．摄像头静态 IP 地址的设置

（1）使用网线将摄像头与 PC 相连，然后打开摄像头 IP 地址搜索工具，如图 4-44 所示。

图 4-43　摄像头

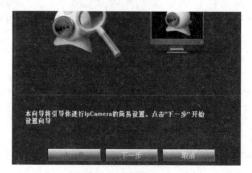

图 4-44　设置向导

（2）单击"下一步"按钮可以搜索摄像头 IP 地址，如图 4-45 所示。

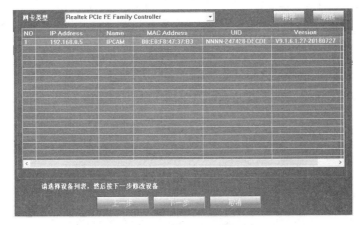

图 4-45 摄像头 IP 地址列表

（3）选择设备，单击"下一步"按钮，在弹出的界面中对摄像头进行静态 IP 地址设置（注意，这里 IP 地址要设置成和路由器在同一网段内），在后期使用中，摄像头以无线通信方式与路由器进行数据传输，即常说的摄像头通过 WiFi 传输数据，单击"下一步"按钮，如图 4-46 所示。

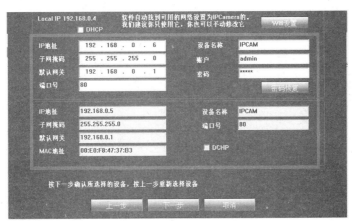

图 4-46 静态 IP 地址设置

（4）显示静态 IP 地址设置成功，如图 4-47 所示。

图 4-47 静态 IP 地址设置成功

（5）通过网线将摄像头和路由器的 LAN 口相连，然后在浏览器中输入设置好的 IP 地址，就可以访问摄像头了，如图 4-48 所示。

图 4-48　设置完成

3. 摄像头的 WiFi 连接

摄像头的 IP 地址已经配置完成，重启摄像头后，如何连接 WiFi 呢？

（1）打开浏览器输入摄像头 IP 地址，然后对摄像头进行 WiFi 无线设置，如图 4-49 所示。

图 4-49　摄像头 WiFi 无线设置

（2）找到要连接的 WiFi（连接路由器配置的 WiFi，此处名称仅供参考），单击"确定"按钮，如图 4-50 所示。

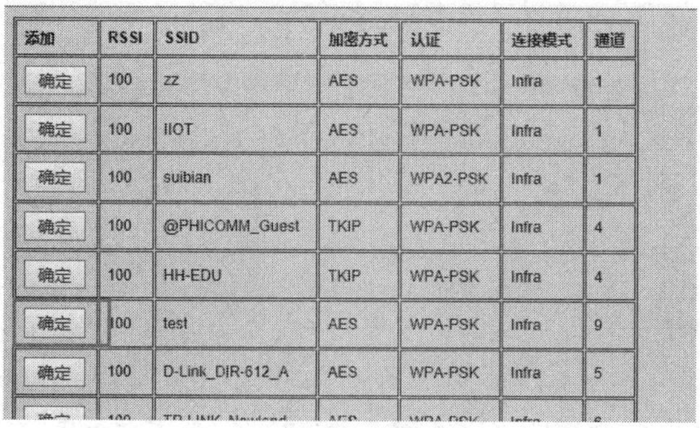

添加	RSSI	SSID	加密方式	认证	连接模式	通道
确定	100	zz	AES	WPA-PSK	Infra	1
确定	100	IIOT	AES	WPA-PSK	Infra	1
确定	100	suibian	AES	WPA2-PSK	Infra	1
确定	100	@PHICOMM_Guest	TKIP	WPA-PSK	Infra	4
确定	100	HH-EDU	TKIP	WPA-PSK	Infra	4
确定	100	test	AES	WPA-PSK	Infra	9
确定	100	D-Link_DIR-512_A	AES	WPA-PSK	Infra	5
确定	100	TP-LINK_Newland	AES	WPA-PSK	Infra	

图 4-50　WiFi 列表

（3）输入 WiFi 密码，单击"应用"按钮，连接成功，如图 4-51 所示。

（4）摄像头 WiFi 连接已经配置完毕，使用前先检测摄像头是否可用。

图 4-51　WiFi 连接成功

（五）常用设备安装方法

1. 摄像头的安装

步骤 1：用 M4×16 十字盘头螺钉将摄像头的底座安装到设备台上，注意在设备台背面加不锈钢垫片（M4×10×1）

步骤 2：将摄像头安装到底座上（见图 4-52）。

步骤 3：给摄像头通电，将摄像头的电源适配器接入电源接口。

2. 红外对射传感器的安装

步骤 1：用 M4×16 十字盘头螺钉将红外对射传感器的支架安装到工位对应位置上，在设备台背面加不锈钢垫片（M4×10×1）。

步骤 2：用螺钉旋具撬开红外对射传感器发射端的外壳，用 M4×16 十字盘头螺钉将红外对射传感器发射端安装到支架上，在支架背面加不锈钢垫片（M4×10×1），如图 4-53 所示。

步骤 3：根据红外对射传感器外接延长线与实训工位稳压电源接线端子间的距离，剪取一根长度适宜的红黑线，将红黑线两端剥掉长约 0.8cm 的绝缘皮，将红外对射传感器原本电源的外接延长线剥掉长约 0.8cm 的绝缘皮，将其进行延长。注意：红黑线中的红线接传感器的红色延长线，黑线接传感器的黑色延长线。

步骤 4：将红黑延长线连接到实训工位的 12V 稳压电源处。

步骤 5：用信号线将信号输出端子的 COM 端连接到 12V 电源的负极，将信号输出端子的 OUT 端连接到 ADAM-4150 的 DI 端口。

3. 烟雾传感器与火焰传感器的安装

红线：供电电源正极；黑线：供电电源负极；蓝线：信号输出（电流）。

安装：将烟雾传感器和火焰传感器的底座旋下与探测器分离，观察底座数字标记，参考连线如图 4-54 所示。

图 4-52　摄像头安装

图 4-53　红外对射传感器连线

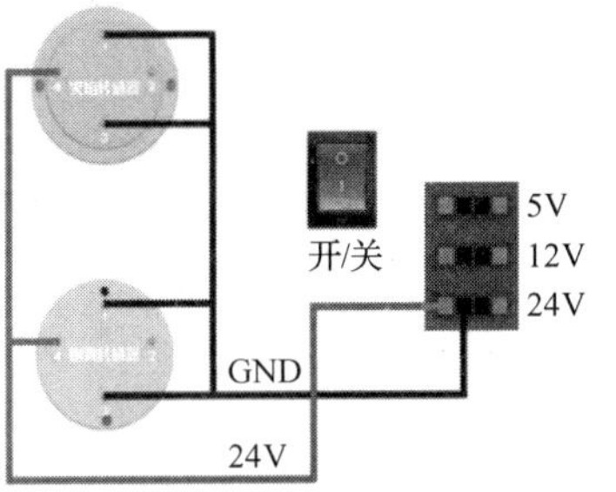

图 4-54　参考连线

249

连接烟雾传感器和火焰传感器的电源和信号延长线。

步骤 1：用红黑线中的红线连接烟雾传感器底座 4 脚电源正极，黑线连接 3 脚电源 GND 端，红黑线另外一端接工位两侧的 24V 电源。

步骤 2：用相同方法，将红线连接火焰传感器底座 4 脚电源正极，黑线连接 3 脚电源 GND 端，红黑线另外一端接工位两侧的 24V 电源。

步骤 3：用黑线将烟雾传感器底座的 1 脚报警输出 COM 端和 3 脚电源 GND 端相连，再用一根信号线将底座 2 脚从背后延长接出。

步骤 4：用黑线将火焰传感器底座的 1 脚报警输出 COM 端和 3 脚电源 GND 端相连，再用一根信号线将底座 2 脚从背后延长接出，如图 4-55 所示。

步骤 5：检测线路连接情况。接好线后旋上两个探测器，如图 4-56 所示。

图 4-55　内部连线图

图 4-56　正面图

4. 风速传感器的安装

步骤 1：根据风速传感器外接延长线与实训工位稳压电源接线端子间的距离，剪取一根长度适宜的红黑线。

步骤 2：使用剥线钳，将红黑线两端剥掉长约 0.8cm 的绝缘皮。

步骤 3：使用剥线钳，将风速传感器原本电源的外接延长线剥掉长约 0.8cm 的绝缘皮。

步骤 4：使用红黑线，将风速传感器原本电源的外接延长线延长。注意：红黑线中的红线接风速传感器的红色延长线，黑线接风速传感器的黑色延长线。

步骤 5：将红黑延长线连接到实训工位的 24V 稳压电源处，如图 4-57 所示。

步骤 6：剪取长度适宜的蓝线，将风速传感器的信号线延长。

5. 二氧化碳传感器的安装

步骤 1：根据二氧化碳传感器外接延长线与实训工位稳压电源接线端子间的距离，剪取一根长度适宜的红黑线。

步骤 2：使用剥线钳，将红黑线两端剥掉长约 0.8cm 的绝缘皮。

步骤 3：使用剥线钳，将二氧化碳传感器原本的外接延长线剥掉长约 0.8cm 的绝缘皮。

步骤 4：使用红黑线，将二氧化碳传感器原本的外接延长线延长。注意：红黑线中的红线接二氧化碳传感器的红色延长线，黑线接二氧化碳传感器的黑色延长线。

步骤 5：将红黑延长线连接到实训工位的 24V 稳压电源处，如图 4-58 所示。

步骤 6：剪取长度适宜的蓝线，将二氧化碳传感器的信号线延长。

6. 报警灯的安装

挑选合适的螺钉（十字盘头螺钉 M4×16）、螺母、垫片，选用十字螺丝刀，在实训工位铁架上安装报警灯。注意在设备台背面加不锈钢垫片（M4×10×1）。使用时电源正负极不能接反，红色为正极，白色为负极，如图 4-59 所示。

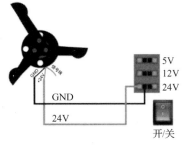

图 4-57　风速传感器连线图

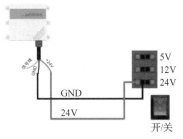

图 4-58　二氧化碳传感器连线图

7. LED 屏的安装

LED 屏（见图 4-60）又叫电子显示屏，是由 LED 点阵和 LED PC 面板组成的，通过红色、蓝色、白色、绿色 LED 灯的启停来显示文字、图片、动画、视频或相关信息。

图 4-59　安装报警灯

图 4-60　LED 屏

步骤 1：安装 LED 屏。用 M4×16 十字盘头螺钉将 LED 屏的背部挂钩安装到工位上，在设备台背面加不锈钢垫片（M4×10×1）。

步骤 2：将 LED 屏的串口线连接到串口服务器的端口，将 LED 屏的电源适配器连接到电源插座上。

8. ADAM4017 电源及外接设备的连接

步骤 1：选取合适螺钉将 ADAM-4017 固定于工位上，根据 ADAM-4017 与实训工位稳压电源接线端子间的距离，剪取一根长度适宜的红黑线。用红线将 ADAM-4017 的 +Vs 端接实训工位的 24V 电源的正极，用黑线将 ADAM-4017 的 GND 端接 24V 电源的负极。

步骤 2：根据 ADAM-4017 与电压/电流变送器设备间的距离，剪取两根长度适宜的信号线。使用剥线钳，将信号线两端各剥掉长约 0.8cm 的绝缘皮。

步骤 3：将电压/电流变送器 8 端的输出信号线连接至 ADAM-4017 的 Vin7+ 端，完成信号线的连接。

步骤 4：根据电压/电流变送器设备与电源间的距离，剪取长度适宜的黑线，将 ADAM-4017 的 Vin7- 端接 24V 电源的负极。

步骤 5：使用红黑线安装 RS-485 转换器；红线连接转换器的 R/T+ 端，黑线连接转换器的 R/T- 端。红黑线另外一端，红线连接 ADAM-4017 的 DATA+ 端，黑线连接 ADAM-4017 的 DATA- 端。最后，将 RS-485 转换器的串口再连接到 PC。

端口表如表 4-32 所示。

表 4-32　端口表

序号	传感器名称	供电电压	ADAM-4017 模拟量采集器
1	空气质量传感器	DC 5V	连接电压/电流变送器的 3 端
2	电压/电流变送器的 8 端	DC 24V	Vin7+

（六）串口服务器的安装

串口服务器提供串口转网络的功能，能够将 RS-232/RS-485/RS-422 串口转换成 TCP/IP 网络接口，实现 RS-232/RS-485/RS-422 串口与 TCP/IP 网络接口的数据双向透明传输，使得串口设备能够立即具备 TCP/IP 网络接口功能，连接网络进行数据通信，扩展串口设备的通信距离。

PC 只有一个串口，不能满足多个串口通信设备的同时采集要求，故引入串口服务器，类似于将串口进行扩充，LED 屏、RS-485 转 RS-232 设备皆需连接串口服务器。

1. 外观检查

图 4-61 串口服务器实物

观察串口服务器外观是否有破损，电源适配器的导线是否有破损等。串口服务器有 4 个串行接口用于连接串口设备，1 个 RJ45 接口用于接入网络，前端有一组开关，设置有串口通信指示灯和电源指示灯。串口服务器实物如图 4-61 所示。

2. 安装串口服务器

步骤 1：用 M4×16 十字盘头螺钉将串口服务器安装到工位上，注意在设备台背面加不锈钢垫片（M4×10×1）。

步骤 2：连接串口服务器电源适配器，为串口服务器供电。

步骤 3：使用网线连接串口服务器与路由器，网线一端接串口服务器的 Ethernet 端口，另一端接路由器的 LAN 口。

3. 配置串口服务器

通用的串口服务器设备其配置主要分为 4 步：串口服务器驱动程序安装；串口服务器 IP 地址设置，串口服务器端口 IP 地址设置；串口服务器端口类型和波特率设定。

串口服务器在使用前需要进行配置，主要是分配串口号，它的配置软件有两种，可根据电脑选择适合的配置软件。首先将串口服务器直接接在本机的网络接口，如若电脑操作系统是 64 位的，请使用 NPort Windows Driver Manager 软件进行串口服务器的配置。

（1）驱动软件安装

① 双击打开安装包文件。

② 按照提示进行安装，直到安装完成，完成后单击"Finish"按钮。

③ 在"开始"菜单中找到 NPort Windows Driver Manager 软件。

（2）IP 地址搜索与配置

驱动软件已经安装完毕，接下来要打开驱动软件对串口服务器的 IP 地址进行搜索。

① 打开驱动软件，如图 4-62 所示。

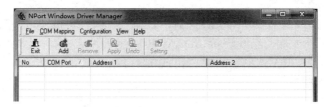

图 4-62 驱动软件

② 单击工具栏中"Add"按钮。

③ 在打开界面中单击"Search"按钮搜索串口服务器（要在同一个局域网中），自动搜索串口服务器时间为 5s，如图 4-63 所示。

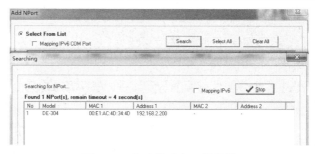

图 4-63 自动搜索串口服务器

（3）Web 端配置

① 打开浏览器，在地址栏中输入串口服务器 IP 地址，如 192.168.2.200，如图 4-64 所示。

图 4-64 输入 IP 地址

② 选择"应用模式"→"应用模式参数"，在"连接模式"中选择"MCP Mode"（1、2、3、4），然后单击"确定"按钮。完成后单击"保存/重启"则配置成功，如图 4-65 所示。

注意：如果未进行串口服务器 Web 端连接模式的配置则无法通信。

图 4-65 配置界面

（4）添加虚拟串口

① 打开驱动软件，如图 4-66 所示。

图 4-66 驱动软件

② 单击工具栏中"Add"按钮。

③ 单击"Search"按钮搜索串口服务器（要在同一个局域网中），自动搜索串口服务器时间为 5s，如图 4-67 所示。

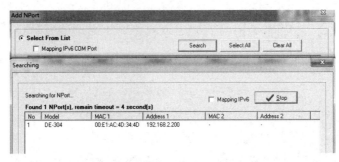

图 4-67　自动搜索串口服务器

④ 搜索到串口服务器后选中其 IP 地址，然后单击"OK"按钮，该工具会自动把没有使用的或者空闲的 PC 串口映射到串口服务器中，不需要手动设置串口，如图 4-68 所示。

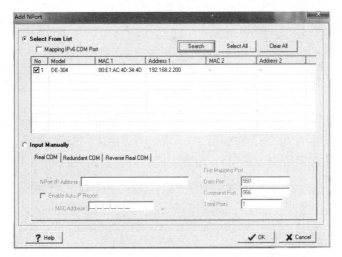

图 4-68　串口服务器搜索完成

⑤ 单击"Yes"按钮，开始分配串口，如图 4-69 所示。

⑥ 串口分配完成，如图 4-70 所示。

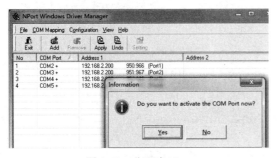

图 4-69　分配串口

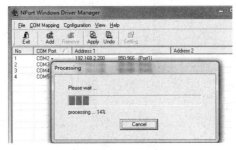

图 4-70　串口分配完成

⑦ 单击"OK"按钮，添加虚拟串口成功，如图 4-71 所示。

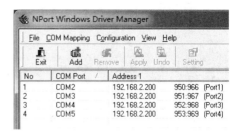

图 4-71 添加虚拟串口成功

⑧ 选择"计算机管理"→"设备管理器",可看到添加的虚拟串口,如图 4-72 所示。

图 4-72 添加的虚拟串口

⑨ 如果添加完虚拟串口后不能正常使用,请重启电脑。

模块五　物联网智慧系统创新设计模块

项目5　智慧创新系统设计

项目学习目标

在前面的学习中，我们进行了物联网智慧应用系统的设计分析、仿真设计、实践操作、赛题训练等。在此基础上，可尝试结合实际应用需求进行物联网智慧创新系统设计，运用科技的力量服务社会、改善生活，推动物联网高科技产业的发展。本项目展示 4 个智慧创新系统设计案例，请参考学习并进行创新设计实践。

5.1　智慧养殖系统设计

5.1.1　智慧养殖系统设计任务情境

随着人们生活水平的提高，消费者对高品质、安全健康的畜禽产品的需求不断增加。传统畜禽养殖方式由于缺乏智能化、精细化的管理手段，往往会导致生产效率低、环境污染、畜禽健康状况不佳等问题。智慧养殖不仅可以提高生产效率、降低生产成本，还可以实现精准饲喂、疾病监测、环境调控等智能化管理，从而提高畜禽产品质量和养殖效益。同时，智慧养殖也有助于实现农业的可持续发展，通过减少环境污染、提高资源利用效率，为农业生态文明的构建做出积极贡献。

5.1.2　智慧养殖系统功能目标分析

（一）远程监控

智能化管理的养殖场，可以通过 PC 端或手机 App 远程掌握养殖场的环境、水电消耗量、猪牛羊的体重及活动步数等，查看历史曲线图，分析对比，进行智能化调控，优化养殖方案。

（二）电子耳标智慧标识

运用 RFID 电子标签对养殖的猪牛羊进行身份标识，制成电子耳标（见图 5-1），电子耳标集成了测温、计步、定位等多种功能，为养殖业注入了全新的智能元素。电子耳标还可引入档案记录系统、盘点系统和溯源系统，为养殖环节提供有效的监督和管理手段。

（三）智能养殖环境监控

以养猪场为例，智慧养殖系统通过传感技术进行猪舍环境监控，通过多种传感器检测猪舍中的环境，再通过智能设置自动控制相应控制器进行环境清洁和调控，从而给猪提供舒适的温湿度和通风量，实现养殖的科学化、智能化、信息化，带给养殖户更多的收益。智慧养殖系统监测界面如图 5-2 所示。

图 5-1　电子耳标

图 5-2　智慧养殖系统监测界面

（四）养殖场清洁能源与再利用

在智慧养殖系统中，养殖场的智能清洁能保障良好的环境，同时可将牲畜的排泄物收集到一个封闭空间，进行生物发酵，产生沼气，供农户使用；还可作为肥料，给农作物施肥，实现能源的再利用，如图 5-3 所示。

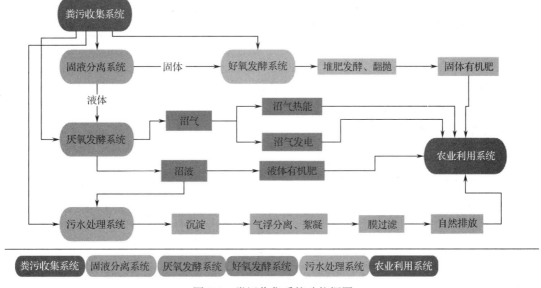

图 5-3　粪污收集系统功能框图

5.1.3　智慧养殖系统方案设计

（一）智慧养殖系统设备选择

智慧养殖系统集智慧标识、环境监测、智能调控、自动喂水喂食、数据分析等功能于一体。结合智慧养殖系统的功能目标，系统需要使用的设备如表 5-1 所示。运用 UHF 电子标签进行智慧标识，通过在养殖场安装、部署大量传感器、采集器等感知设备，实时获取养猪场的环境参数。系统采集的环境数据有：光照强度、温湿度、可燃气体浓度等。传感器联动控制通风机、取暖设备、除湿机、开窗机、自动饮水机、喂食机、排污机等设备，使养猪场的温湿度恒定，自动喂水喂食，清除粪便。同时，对污水处理系统、饮水系统进行智能化控制。

表 5-1　智慧养殖系统设备选择

智慧养殖系统设备选择		
序号	设备名称	设备功能
1	水阀	自动水阀，实现自动喂水
2	风扇	通风散气、降温等
3	LED 灯	照明及取暖
4	网关	对两个网络段中使用不同传输协议的数据进行翻译转换
5	摄像头	实时监控与显示
6	PC	可直接操控的计算机，可独立运行，完成特定功能
7	条码扫描枪、条码打印机	对于信息进行处理、管理、使用、存储或输出等
8	移动终端	监控设备的运行状态
9	UHF 阅读器	在保持高识读率的同时，实现对电子标签的快速读写处理
10	UHF 电子标签	对猪牛羊进行身份标识，并记录相关信息
11	路由器	连通不同的网络，传输信息，保存各种传输路径的相关数据
12	ZigBee 继电器	可实现自动调节、保护、转换电路
13	温湿度传感器	测量温度和湿度值
14	光照传感器	检测光照强度
15	空气质量传感器	监测空气中的污染物浓度
16	可燃气体传感器	测量空气中可燃气体浓度
17	喂食机	自动投喂食物等
18	排污机	自动排放粪污

（二）智慧养殖系统设备连接

结合智慧养殖系统功能目标分析与设备选择，智慧养殖系统设备连接图如图 5-4 所示。

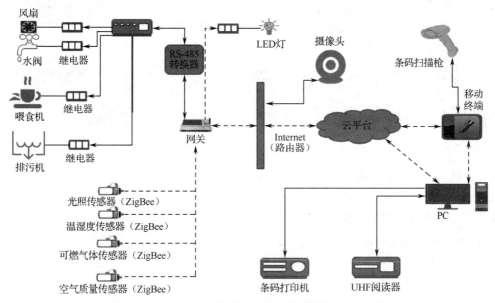

图 5-4　智慧养殖系统设备连接图

5.2　智慧校园食堂食材管理系统设计

5.2.1　智慧校园食堂食材管理系统设计任务情境

校园食堂作为师生就餐的重要场所，食材的安全和质量是人们关注的焦点。为了提高食材安全管理的效率和可靠性，可开发智慧校园食堂食材管理系统，以全面监控和管理食材的存储、运输和供应链环节。

5.2.2　智慧校园食堂食材管理系统功能目标分析

结合实际应用需求，智慧校园食堂食材管理系统功能目标如表 5-2 所示。

表 5-2　智慧校园食堂食材管理系统功能目标

总体目标	功能目标
食材储存环境监测	通过温湿度传感器和空气质量传感器实时监测食材储存环境的温度、湿度和有害气体浓度、腐败气体浓度，确保食材的新鲜和安全
食材供应链监管	利用条形码/二维码扫描器和摄像头，实现对食材供应链的全程监管，确保食材的来源可追溯和生产环节的合规
食材物流监控	通过温湿度传感器和 GPS 跟踪器，实现对食材运输过程中环境条件和物流运输的实时监测和跟踪，保障食材物流运输的准时性
食材移动终端监督反馈	实时将部署的传感器数据上传至云平台，同时部署到移动端 App，家长、学生可随时查看食材数据是否异常，连接摄像头观察厨房内环境

5.2.3　智慧校园食堂食材管理系统方案设计

（一）智慧校园食堂食材管理系统设备选择

结合智慧校园食堂食材管理系统功能目标及物联网设备特性，可以选择的设备如表 5-3 所示。

表 5-3　智慧校园食堂食材管理系统设备选择清单

智慧校园食堂食材管理系统设备选择清单		
序号	设备名称	设备功能
1	红外传感器	通过对物体进行测量，得到相关参数，实现日常监控和报警
2	光照传感器	检测光照强度
3	温湿度传感器	测量环境中的温度和湿度值，并将这些数据传递给相关的设备或者系统
4	空气质量传感器	感知空气质量，检测氧气、二氧化碳、氮气及各种有害气体的存在和浓度
5	风扇	通风散气、降温等
6	LED 灯	照明
7	ADAM-4150 数字量采集器	数据采集、数据输送、数据删除和系统管理等
8	ZigBee 继电器	可实现自动调节、保护、转换电路
9	网关	对两个网段中的使用不同传输协议的数据进行翻译转换
10	路由器	连通不同的网络，传输信息，保存各种传输路径的相关数据

续表

智慧校园食堂食材管理系统设备选择清单		
序号	设备名称	设备功能
11	云平台	通过虚拟化技术将计算机资源（如服务器、存储设备和应用程序）以服务的形式提供给用户
12	RS-485 转换器	连接其他的设备，或者与其他设备进行文件分享
13	ZigBee 四通道模拟量采集器	通过数字化手段将模拟信号转换成数字信号，从而完成数据采集、处理和存储等
14	移动终端	监控设备的运行状态
15	PC	可直接操控的计算机，可独立运行，完成特定功能
16	UHF 阅读器	在保持高识读率的同时，实现对电子标签的快速读写处理
17	GPS	其获得的定位数据通过移动通信模块传至 Internet 上的一台服务器，从而可在电脑上查询终端位置
18	条码扫描枪、条码打印机	读取打印、条码所包含信息的设备
19	可燃气体传感器	测量空气中可燃气体浓度

（二）智慧校园食堂食材管理系统设备连接

结合智慧校园食堂食材管理系统功能目标和设备选择，其设备连接图如图 5-5 所示。

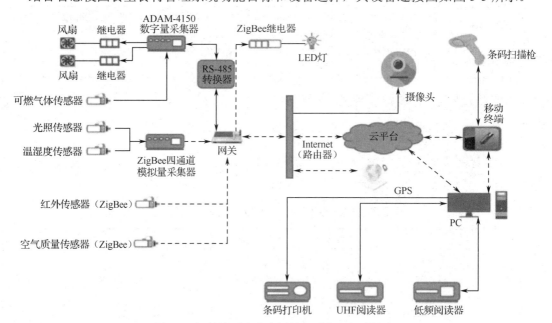

图 5-5　智慧校园食堂食材管理系统设备连接图

（1）食材出库前添加定制包装（具有条码出库功能），在定制包装上添加食材的详细信息，如产地、生产日期、保质期等，以确保食材的来源可追溯。

（2）在用于运输的冷鲜车内部署 GPS 和温湿度传感器，用于检测食材的位置和环境。这样可以确保食材在运输过程中的安全和质量。

（3）食材抵达食堂时，由工作人员扫码入库，并全程监控。这样可以确保食材的入库过程受到监控，提高食材的安全性。

（4）食材储存需要按照规定的位置进行摆放，使用专门的标签，指示不同种类的食材应放置的位置。这样有助于避免不同食材之间的交叉污染，并提高食材的整体管理效率。冷冻食材取出后还需要扫码确认取出时间，并放置在规定的备菜位置。在备菜位置安装可燃气体传感器、温湿度传感器，如果环境温度过高、湿度过大或空气质量异常，系统将自动发送警报并采取相应的措施，以确保即将加工的食材的环境安全。

（5）在厨房内安装摄像头，覆盖面积广，可以随时追溯数据异常时间段的具体情况，以确保食品的质量和安全。

（6）通过移动终端应用程序可随时调取数据，监控食堂实时情况，实现透明厨房。通过应用程序，工作人员可以查询食材的库存情况，订购新的食材，并进行库存盘点和统计。此外，还可以进行口味问卷调查，以提供更好的服务。

5.3　智慧农业大棚监测系统设计

5.3.1　智慧农业大棚监测系统设计任务情境

农业大棚作为现代农业发展的必要条件，将物联网技术融入其中也越发重要。传统的温室大棚中的各项监测工作都需要人工进行，所需时间周期长、效率低，不利于农作物的成长及资源的高效利用。在此背景下，迫切需要采用物联网技术对大棚环境进行智能化控制，智慧农业大棚监测系统由此产生。

5.3.2　智慧农业大棚监测系统功能目标分析

（1）监控农业大棚数据，将大棚智能化。

（2）利用温湿度、光照、空气质量等传感器和 ZigBee 模块将数据传入 PC 端并通过 PC 端控制器件的运行。

（3）监测大棚中二氧化碳浓度、空气湿度、大气温度、光照强度。

（4）通过风扇调节二氧化碳浓度和空气湿度，通过 LED 灯调节光照强度。

5.3.3　智慧农业大棚监测系统方案设计

（一）智慧农业大棚监测系统设备选择

结合智慧农业大棚监测系统的功能目标和设备特性，系统的设备选择清单如表 5-4 所示。

表 5-4　智慧农业大棚监测系统设备选择清单

序号	设备名称	设备功能
1	人体红外传感器	通过对人体进行测量，得到人体温度等参数，进行日常监控和报警等
2	光照传感器	检测光照强度
3	温湿度传感器	测量环境温度和湿度值
4	光照传感器（ZigBee）	测量环境光线的强度和变化，将其转换为电信号输出，以反映环境的光照情况
5	温湿度传感器（ZigBee）	测量环境中的温度和湿度值，并将这些数据传递给相关的设备或者系统
6	人体红外传感器（ZigBee）	通过对人体进行测量，得到人体温度等参数
7	空气质量传感器（ZigBee）	感知空气质量，检测氧气、二氧化碳、氮气及各种有害气体的存在和浓度
8	风扇	通风散气、降温等

续表

序号	设备名称	设备功能
9	LED 灯	照明
10	ADAM-4150 数字量采集器	数据采集、数据输送、数据删除和系统管理等
11	RS-485 转换器	连接其他的设备,或者与其他设备进行文件分享
12	ZigBee 四通道模拟量采集器	通过数字化手段将模拟信号转换成数字信号,完成数据采集、处理和存储等过程
13	ZigBee 继电器	可实现自动调节、保护、转换电路
14	网关	对两个网段中使用不同传输协议的数据进行互相的翻译转换
15	路由器	连通不同的网络,传输信息,保存各种传输路径的相关数据
16	云平台	通过虚拟化技术将计算机资源(如服务器、存储设备和应用程序)以服务的形式提供给用户
17	移动终端	监控设备的运行状态
18	PC	可直接操控的计算机,可独立运行,完成特定功能

(二)智慧农业大棚监测系统设备连接

智慧农业大棚监测系统设备连接图如图 5-6 所示。可用人体红外传感器、光照传感器、温湿度传感器、空气质量传感器等设备通过 ZigBee 协议进行数据传输,将采集到的数据发送到 ADAM-4150 数字量采集器。ADAM-4150 数字量采集器通过 RS-485 转换器将数据上传到 PC,PC 通过网关与云平台连接,实现数据的远程监控和管理。当大棚内二氧化碳浓度过高时,空气质量传感器会检测到并发送信号给 ADAM-4150 数字量采集器,通过 RS-485 转换器和网关控制风扇的运行,调节二氧化碳浓度。当大棚内空气湿度过高时,温湿度传感器会检测到并发送信号给 ADAM-4150 数字量采集器,通过 RS-485 转换器和网关控制风扇的运行,降低空气湿度。当大棚内光照不足时,光照传感器会检测到并发送信号给 ADAM-4150 数字量采集器,通过 RS-485 转换器和网关控制 LED 灯的运行,提高光照强度。移动终端可用于手动控制风扇、LED 灯等设备的运行状态,也可用于实时查看大棚内的各项环境参数。PC可用于对收集到的数据进行处理和分析,并将结果发送到云平台,以便用户远程查看和管理。

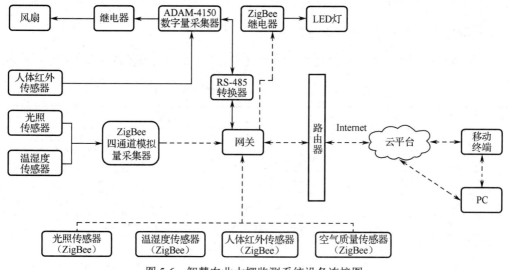

图 5-6　智慧农业大棚监测系统设备连接图

5.4　智慧公厕系统设计

5.4.1　智慧公厕系统设计任务情境

公厕环境复杂，设备信号容易受到干扰且稳定性差，考虑使用无线组网或者有线组网来搭建系统能使系统更好地发挥作用。公厕人流量大，无法确定何处有空闲厕位，且受季节气候变化影响，厕内温湿度变化大，体验感差。男性吸烟占比大，容易产生大量烟雾，影响空气质量。厕内光线昏暗，能见度低。需要将云平台与地图软件同步在一起，需要使用公厕的人能够通过手机客户端查询到当前距离较近且有空余位置的公厕，高效地解决用户需求，为大家提供便利。智慧公厕系统监测显示界如图 5-7 所示。

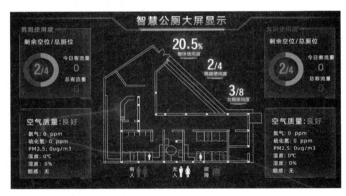

图 5-7　智慧公厕系统监测显示界面

5.4.2　智慧公厕系统功能目标分析

（1）将各个厕位的人体红外传感器检测到的数据传递给系统，在大屏显示厕位空闲情况。
（2）将公厕内温湿度传感器检测到的数据传递给系统，系统自动调节厕内温湿度。
（3）将公厕内空气质量传感器检测到的数据传递给系统，系统自动调节厕内空气质量。
（4）将公厕内光照传感器检测到的数据传递给系统，系统自动调节厕内光照。

5.4.3　智慧公厕系统方案设计

（一）智慧公厕系统设备选择

结合智慧公厕系统的功能目标和设备特性，系统的设备选择清单如表 5-5 所示。

表 5-5　智慧公厕系统设备选择清单

智慧公厕系统设备选择清单		
序号	设备名称	设备功能
1	加湿器	调节室内湿度
2	风扇	通风散气、降温等
3	LED 灯	照明
4	光照传感器（ZigBee）	测量环境光线的强度和变化，将其转换为电信号输出，以反映环境的光照情况

续表

智慧公厕系统设备选择清单		
序号	设备名称	设备功能
5	温湿度传感器（ZigBee）	测量环境中的温度和湿度值，并将这些数据传递给相关的设备或者系统
6	人体红外传感器（ZigBee）	通过对人体进行测量，得到人体温度等参数
7	空气质量传感器（ZigBee）	感知空气质量，检测氧气、二氧化碳、氮气及各种有害气体的存在和浓度
8	ADAM-4150 数字量采集器	数据采集、数据输送、数据删除和系统管理等
9	ZigBee 继电器	可实现自动调节、保护、转换电路
10	网关	对两个网段中使用不同传输协议的数据进行翻译转换
11	路由器	连通不同的网络，传输信息，保存各种传输路径的相关数据
12	云平台	通过虚拟化技术将计算机资源（如服务器、存储设备和应用程序）以服务的形式提供给用户
13	显示屏	通过特定的传输设备显示到屏幕上

（二）智慧公厕系统设备连接

结合智慧公厕系统功能目标分析和设备选择，智慧公厕系统设备连接图如图 5-8 所示。

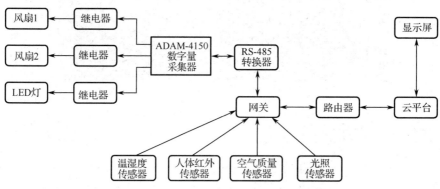

图 5-8　智慧公厕系统设备连接图

各个设备通过 ZigBee 无线通信方式进行连接和数据传输。具体来说，可用光照传感器、温湿度传感器、人体红外传感器和空气质量传感器采集环境数据，并将数据传输给 ADAM-4150 数字量采集器。ADAM-4150 数字量采集器将这些数据进一步传输给网关，网关对这些数据进行翻译、转换后，通过路由器连接云平台。云平台对数据进行处理和分析，并将结果显示在显示屏上。同时，路由器还可以将数据传输给地图软件，以便用户通过手机客户端查询公厕的空闲情况和其他信息。

通过这样的连接方式，智慧公厕系统可以实现对公厕环境的全面监测和智能控制，提高公厕的使用体验和公共卫生水平。同时，云平台和手机客户端的结合，还可以方便用户查询公厕位置和使用状态等信息，为公众提供更加便捷的公共服务。

参 考 文 献

[1] ISO/IEC 30141：2018：Internet of Things(IoT)—Reference architecture.

[2] GB/T 33474—2016：物联网参考体系结构.

[3] GB 50311—2016：综合布线系统工程设计规范.

[4] GB/T 34068—2017：物联网总体技术 智能传感器接口规范.

[5] GB/T 25058—2019：信息安全技术 网络安全等级保护实施指南.

[6] GB/T 21050—2019：信息安全技术 网络交换机安全技术要求.

[7] GB/T 37972—2019：信息安全技术 云计算服务运行监管框架.

[8] GB/T 31491—2015：无线网络访问控制技术规范.

[9] GB/T 37044—2018：信息安全技术 物联网安全参考模型及通用要求.

[10] GB/T 36626—2018：信息安全技术 信息系统安全运维管理指南.

[11] GB/T 51243—2017：物联网应用支撑平台工程技术标准.

[12] GB/T 38624.1—2020：物联网 网关 第1部分：面向感知设备接入的网关技术要求.

[13] GB/T 19582.2—2008：基于 Modbus 协议的工业自动化网络规范 第2部分.

[14] 徐雪慧，物联网射频识别（RFID）技术与应用（第2版），北京：电子工业出版社，2020.

[15] 蔡跃. 职业教育活页式教材开发指导手册，上海：华东师范大学出版社，2020.

[16] 张继辉，徐凯. 物联网设备安装与调试，北京：机械工业出版社，2019.

[17] 廖建尚，苏咏梅，桑世庆. 物联网工程应用技术，北京：电子工业出版社，2020.

反侵权盗版声明

电子工业出版社依法对本作品享有专有出版权。任何未经权利人书面许可，复制、销售或通过信息网络传播本作品的行为，歪曲、篡改、剽窃本作品的行为，均违反《中华人民共和国著作权法》，其行为人应承担相应的民事责任和行政责任，构成犯罪的，将被依法追究刑事责任。

为了维护市场秩序，保护权利人的合法权益，我社将依法查处和打击侵权盗版的单位和个人。欢迎社会各界人士积极举报侵权盗版行为，本社将奖励举报有功人员，并保证举报人的信息不被泄露。

举报电话：（010）88254396；（010）88258888

传　　真：（010）88254397

E-mail：　　dbqq@phei.com.cn

通信地址：北京市海淀区万寿路 173 信箱

　　　　　电子工业出版社总编办公室

邮　　编：100036